人面格具

刘新 王茜 著

中国纺织出版社有限公司

内 容 提 要

人格，在拉丁文中的意思是面具、脸谱。在心理学中，人格是指一个人的气质和个性等。人格面具的概念很广泛，用以描述人格特质，也用于概括人格特点。

这本书介绍了各种不同的人格类型，分析了每种人格类型的特点以及心理和行为表现，因而能够帮助我们深入了解和认知人格类型，熟悉不同的人格面具。在与人相处的过程中，我们既可以运用这些知识反观自身，也可以通过观察对他人的人格进行归类，这将有助于我们从心理学的角度了解和洞察他人。

图书在版编目（CIP）数据

人格面具 / 刘新，王茜著. -- 北京：中国纺织出版社有限公司，2025.3. -- ISBN 978-7-5229-2377-2

Ⅰ. B848-49

中国国家版本馆CIP数据核字第2024TH8057号

责任编辑：刘梦宇　　责任校对：高　涵　　责任印制：储志伟

中国纺织出版社有限公司出版发行
地址：北京市朝阳区百子湾东里A407号楼　邮政编码：100124
销售电话：010—67004422　传真：010—87155801
http://www.c-textilep.com
中国纺织出版社天猫旗舰店
官方微博 http://weibo.com/2119887771
天津千鹤文化传播有限公司印刷　各地新华书店经销
2025年3月第1版第1次印刷
开本：880×1230　1/32　印张：6.25
字数：97千字　定价：49.80元

凡购本书，如有缺页、倒页、脱页，由本社图书营销中心调换

前　言

　　心理学家亚伦·贝克教授向来以严谨的治学态度著称，他说，每个人都有独属于自己的人格侧写。人格，在拉丁语中的意思是脸谱、面具，把这个词语运用到心理学中也是很贴切的。从生理的角度来看，人的容貌是唯一的，只可能随着时间的流逝和人生的阅历而渐渐改变，当然，现代社会中也有运用医美手段改变容貌的。但是，人格却不是唯一的，不同的人有不同的人格，而且很多人的人格都不是单一的，而是复合型的。此外，随着人生经历的不同，人格也会发生变化。

　　本书介绍了不同的人格特质。很多人会发现自己符合不止一种人格特质，有可能综合呈现出至少两种人格特质。无须感到惊奇，人原本就是世界上最复杂的生物，人的心理状态更是处于各种变化之中。唯有以发展的眼光看待自己和他人，也运用心理学知识分析不同的人格类型，才能洞察人心，了解人性。

现代社会中，很多人受到心理问题的困扰，也致力于追求心理健康。其实，弗洛伊德曾经定义过心理健康，那就是拥有爱与工作的能力。换言之，一个人应该心中怀有爱，且具备从事日常工作的能力。一个人如果满足了这两个条件，不管属于哪种人格类型，都是健康的人。

人格的形成受很多因素的影响，如在一定程度上受遗传因素的影响，也在后天成长的过程中受父母教养方式、家庭氛围、教育经历和个人阅历等的影响。与此同时，人格的形成还受个人自身修养的影响。不可否认的是，人格形成的最佳时期是童年时期，这是因为孩子具有极强的可塑性。但是，这并不意味着人格在成人之后不会发生变化。在短时间内，人格的变化是不易觉察的，但是如果放在比较长的一段时间内，如连续十年进行考察，就会发现人格始终处于变化之中。每个人都应该始终坚持完善自身的人格，提升自身的修养。

从心理学的角度来看，所有的人格特质都是人类应对挑战采取的策略。然而，一旦生存环境发生变化，此前采取的策略又会表现出不适应，所以采取策略要顺应形势的发展和变化，要坚持与时俱进的原则，还要结合自身的实际情况。不管是谁，必须以了解自己为前提，才能坚持完善人格。

本书通俗易懂，以诸多名人的事例为论据，全面且深入地阐述不同的人格类型。与此同时，本书也启发和引导父母以正确的方式养育孩子，为孩子营造良好的家庭氛围。每一位读者都要始终牢记一个道理，即不要孤立地看待任何一种人格类型，而要有大局观，才能统筹全篇，也才能面面俱到地认识鲜活的人。

编著者

2024年9月

目　录

第一章　揭开人格面具的秘密　001

认识你自己　003
人格面具的形成与转化　007
人格面具与心理障碍　012
人格面具产生于人际交往　016
人格面具的种类　021

第二章　抑郁型人格　025

抑郁型人格的特点　027
不要误解抑郁症　030
原生家庭造成的抑郁型人格　033
饱经生活磨难而形成的抑郁型人格　037
如何进行自我救赎　042

第三章　边缘型人格　　047

边缘型人格的特点　　049
分离焦虑的典型表现　　052
无法承受之重——自弃感　　056
非黑即白、非对即错的世界　　060
自我毁灭与救赎　　064

第四章　强迫型人格　　067

强迫型人格的特点　　069
极度渴望父母的肯定　　073
强烈的内在冲突　　078
强迫型人格未必有强迫症　　082
令人备感痛苦的患得患失　　087

第五章　表演型人格　　091

表演型人格的特点　　093

无法掩饰的表演天性	097
表演失败，情绪彻底癫狂	101
被戳穿的表演诡计	105
表演与防御	108

第六章　自恋型人格　113

自恋型人格的特点	115
原始自恋与成熟自恋	119
全能自恋与有限自恋	123
不易觉察的自恋	127

第七章　被动攻击型人格　131

被动攻击型人格的特点	133
不干活还阴阳怪气	137
咬人的狗不叫唤	141
情绪是被动攻击的根源	145

第八章　回避型人格　　149

- 回避型人格的特点　　151
- 面对亲密关系忍不住想逃　　155
- 勇敢放手，寻求改变　　159
- 不再执着于自我　　163
- 坚持自我超越　　167

第九章　依赖型人格　　171

- 依赖型人格的特点　　173
- 为何要逃避自由　　177
- 依赖性与"囤积"的关系　　181
- 依赖型人格的升华　　185

参考文献　　189

第一章

揭开人格面具的秘密

大名鼎鼎的心理学家亚伦·贝克教授一直以严谨著称，他认为每个人都有独特的人格，这种独具个性、与众不同的人格是以不同的概率，由情景特异、程度特异和方式特异的反应组成的。只有揭开人格面具的秘密，我们才能更加深入地认知自己和他人。

认识你自己

在很多人的心目中,古希腊是一个神奇的地方。古希腊荟萃了人类的精神文明硕果,迄今为止,古希腊神话依然在世界范围内广为流传。在哲学领域,世人皆知的西方哲学奠基者——苏格拉底、柏拉图和亚里士多德,也诞生在古希腊,由此奠定了西方文明的基石。

大概在公元前500年,人类文明的发展进入了前所未有的辉煌时代。古希腊有苏格拉底、柏拉图和亚里士多德,中国出现了老子和孔子等伟大的思想家、人类的启蒙者,古印度也有释迦牟尼,以色列还有犹太教先知。总而言之,这些伟大的精神导师不约而同地降临人世,由此推动全世界的思想和文化在长达2500年的时间里繁荣发展,硕果累累。即使放眼全人类发展的历史,这个时代也是璀璨和耀眼的。为此,德国思想家卡尔·雅斯贝尔斯把这一全世界很多古老国家的思想文化发展百花齐放的时代称为轴心时代。在《文学的历史动向》中,闻一多曾经说过,人类在进化的漫长历程中蹒跚数万年,中国、古印度、以色列和古希腊这四个古老的民族突然齐头并进,大步向前地发展,极大地推动了人类精神文明的跃进。

在古希腊,苏格拉底、柏拉图和亚里士多德被称为三贤,其中,苏格拉底是老师,柏拉图是弟子,亚里士多德则是弟子的弟子。众所周知,在中国的文化发展史上,孔子的地位是至高无上的,无人能够取代。那么,在欧洲的文化发展史上,苏格拉底的地位则和孔子一样。从某种意义上来说,孔子和苏格拉底有着相似之处。例如,孔子在坚持办学的过程中始终秉承"有教无类"的原则,苏格拉底的学生则形形色色,既有年轻人,也有老迈者。孔子收学生只需要一份束脩,作为拜师之礼,而苏格拉底则不要分文,免费教授学生各种知识和做人的道理。再如,孔子始终以"不语怪力乱神"作为教学原则,而苏格拉底则拒绝探索宇宙的起源和世界的本源,更加关注人类,也致力于深入研究人类的伦理问题。还有,孔子和苏格拉底都没有自己的著作,弟子记载孔子的言论才有了《论语》,苏格拉底则因柏拉图和色诺芬的著作而为后人所熟知。

早在两千多年前,苏格拉底就曾经告诫弟子们"认识你自己",也以这句话警醒世人。由此可见,苏格拉底作为先知早就意识到对所有人而言，唯有自己才是真正的陌生人，也是最难以认识的。这句话也被雕刻在德尔菲神庙的石柱上，作为警世箴言。

对于苏格拉底，后世的人们给予了他极高的评价。古罗马著名的哲学家西塞罗认为，正是苏格拉底把高高在上的哲学变成了世人皆知的哲学。时至今日，苏格拉底的很多思想依然影响着世人。例如，苏格拉底提出人应该德智体全面发展，这正是现代教育思想坚持德智体美劳全面发展的源头。再如，苏格拉底反对极端的民主，认为不应该以抽签或者抓阄的方式决定由谁担任国家领导人。他始终主张，必须让那些接受过良好教育的人承担起管理国家的重任。这样的思想即使放在当今的世界上，依然具有极其重要的现实意义。

在教学过程中，苏格拉底还独创了问答法，目的在于以问答的方式启发学生，这正是现代教育的启发式教学的来源。在问答的过程中，每个人都更加深入地了解自己，也一步一步地认识自己。此外，苏格拉底非常谦虚，认为每个人都要承认自己的无知，而不要自以为是地认为自己无所不知。总之，"认识你自己"是苏格拉底的核心主张，每个人都要认识到也要承认自己的无知，才能践行这句箴言。

那么，作为提出者，苏格拉底是怎样坚持认识自己的呢？苏格拉底的母亲是一位助产士，由此，苏格拉底把自己定位为知识的"助产士"。他认为每个人都在不知不觉的状态下孕育知识，而他所做的事情就是为人们的思想"接生"，而非把各种思想灌输给人们。他在一生之中始终专注于做学问，启迪人们的思想，开发人们的智慧。他坚持维护"真正的善"，在因为被诬告而被判处死刑之后，他原本能够逃生，却选择从容赴死，由此结束了他充满智慧、闪耀光芒的一生。

我们也要学习苏格拉底坚持认识自己的精神，认识自己当下的生活，从而丰富自己的思想，充实自己的生活，把握自己的命运。每个人因为认识自己的程度不同，使人生也呈现出不同的状态。有些人的人生特别精彩，有些人的人生则波澜不惊；有些人积极乐观，有些人却颓废沮丧。只有坚持认识自己，我们才能实现心灵的转向，才能够一步一步地接近真理。

人格面具的形成与转化

荣格提出了人格面具,这是他的精神分析理论之一。荣格认为,"面具"构成了人格,每个子人格,或者人格的每个侧面,都是一个面具。那么,人格面具是如何形成的呢?人格面具的形成主要有两种方式,一种方式是内化,另一种方式是实践。所谓内化,就是模仿,即记录他人的言行举止、思想情感和神情姿态,这就形成了客体面具;所谓实践,就是以身体力行的方式记录自己的行为举止和思想情感,这就形成了主体面具。

从这个意义上来说,呱呱坠地的新生儿不是社会人,所以只有"阴影",而没有形成人格面具。在新生儿降临人世之后,母亲负责哺育和照顾婴儿,在此过程中,婴儿内化了母亲的一举一动,由此形成妈妈面具。与此同时,婴儿还会记录自己与母亲互动的行为模式,形成宝宝面具。

我们如何理解妈妈面具呢?直白地说,与对待其他人的方式相比，母亲对待婴儿的方式是完全不同的，这意味着妈妈面具不能代表母亲的全部，而只是母亲的人格面具之一。换言之，在照顾新生儿的过程中，母亲通过与新生儿互动而持续地进行自我调整，因而渐渐地适应宝宝的需求，满足宝宝的需求。从这个角度来看，妈妈面具是母亲为宝宝量身定制的面具。

六个月龄的婴儿开始认生，这意味着他心中的妈妈面具变得越来越强大，使他能够区分妈妈和陌生人。与此同时，婴儿通过观察妈妈面具，对妈妈的行为做出预测，如果妈妈的表现有些反常，婴儿就会哭闹。与妈妈面具相对应的是非妈妈面具。如果说妈妈面具是确定的，也是能够预测的，那么非妈妈面具则是未知的，是不能预测的。因而，当妈妈使用非妈妈面具，婴儿就会恐慌不安。从客体关系理论的角度进行分析，妈妈面具是好的客体或者说好妈妈，非妈妈面具则是坏的客体。人都有趋利避害的本能，孩子也会本能地排斥非妈妈面具，而选择亲近妈妈面具。

随着不断成长，孩子会认识更多"妈妈"，如小伙伴的妈妈等，他们会把其他妈妈的面具与自己妈妈的面具结合起来，由此渐渐形成角色化的妈妈面具。妈妈面具是具体的人物面具，而角色化的妈妈面具则代表着妈妈的角色，是更加抽象的。与角色化的妈妈面具类似的，有教师面具、医生面具、消防员面具、警察面具等。很多父母都会发现，孩子在到达一定月龄之后，有了几次去打预防针的经验，从不知道害怕，渐渐地转化为只要一看到穿白色大褂的医生或者护士就会撇嘴、哭泣，这表明他们开始渐渐认识医生。

在形成的过程中，人格面具就分为主体面具和客体面具。例如，教师面具对应着学生面具，医生面具对应着病人面具。在这些相互对应的面具中，如果教师面具作为客体面具，那么，学生面具就作为主体面具。反之，如果教师面具作为主体面具，那么学生面具就作为客体面具。通常情况下，个体所有的是主体面具，而把客体面具用在他人身上。但是，主体面具与客体面具是可以互相转化的。把客体面具转化为主体面具的过程，就是认同。与此同时，主体面具转化为客体面具，就是投射心理，即认为他人和自己一样，拥有相同的内心感受和心态，因而就像对待自己一样对待他人，也像要求自己一样要求他人。简言之，就是以自己的心思揣摩他人的心思。投射，就是期待，或者是预期。在现实生活中，很多父母会把自己没有实现的人生理想强行交给孩子，希望孩子能够实现自己的人生理想，为自己的脸上增添光彩，这就是典型的投射心理。当孩子愿意努力满足父母的心愿，把自己活成父母期待的样子，这就是投射性认同，即期待效应。

大部分父母都对孩子怀有期待，有些父母是在无意识的状态下期待孩子的，有些父母则是在有意识的状态下期待孩子的。在孩子未出生时，一些父母就会想象孩子的模样，设想孩子的未来，甚至提前为孩子规划人生。正是在期待效应下，父母把客体面具投射给孩子，对孩子而言，这就是主体面具。有的时候，父母还会以对待他人的方式对待自己的孩子。例如，爸爸有个妹妹，从小就与妹妹朝夕相处，那么在有了女儿之后，他很可能会以对待妹妹的方式对待女儿，渐渐地，女儿就会越来越像姑姑。这说明，面具在形成的过程中还会受到那些不在场的人的影响。

一般情况下，人们是在无意识状态下使用人格面具的。大多数人不知道自己为何会做出这样的举动。但是，这些行为依然是有规律可循的。

首先，人们往往在特定情境中形成人格面具，并在未来遇到相同的情境时表现出该人格面具。这意味着人是根据情境在无意识的状态下激发人格面具的。很多细节都构成了情境，其中有些细节对激发人格面具起到较大的作用，而有些细节对激发人格面具起到较小的作用。因为不同的情境有可能具有相似或者相同的细节，所以还会导致错用人格面具的情况发生。

其次，在人际互动中，才会形成人格面具，因而面对不同的人，人们会有不同的表现。这意味着他人的表现不同，我们选择的人格面具不同。此外，他人对我们的期待不同，就相当于把不同的人格面具投射到我们的身上，所以我们的表现也会不同。

最后，在自我激励的情况下，我们也会选择不同的人格面具。在强烈的自我激励的作用下，我们主动选择的面具就会成为主导面具，主导我们的言行举止等。

总之，人人都有人格面具，而人格面具的形成是非常复杂的，受到各种因素的影响。我们如何使用人格面具，取决于各种不同的情境、面对的人际交往对象、自我激励的情况等因素。

人格面具与心理障碍

因为拥有"人格面具",所以在不同的场合中,即使是同一个人,心理表现也是不同的。一经形成,人格面具就不会消失。当人长时间地压抑人格面具,就会产生各种心理问题,心理障碍就是典型表现。对心理健康的人而言,不同的人格面具处于协调状态,是融洽而又友好的。如果不能按照人格面具的要求来行动,就会导致心理问题频出。只有认识一个人全部的人格面具,才能真正地了解他。毫无疑问,这么做很难,因为每个人都有诸多人格面具。如果无法认识一个人的所有人格面具,那我们就要认识这个人最重要的几个人格面具。从某种意义上来说,所有心理障碍的本质都是人格面具障碍,所有心理治疗都是以整理、修缮、重建与整合人格面具的方式进行的。

对于心理现象,传统心理学将其分解为感觉、知觉、思维、记忆、情感和意志等心理元素。人格面具理论则有不同的观点,认为心理现象不但包含上述这些归属于个别心理现象的心理元素，还包含人性、人格和人格面具等"整体心理现象"。其中，一个个鲜活的人格构成了人性，每个人在不同情境中的表现构成了人格，也就是人格面具。

在心理治疗中，要改善心理障碍，首先要识别受到压抑的人格面具。对正处于发作期的病人而言，他正在呈现的面具就是被压抑的面具。如果病人已经度过了发作期，暂时正常，就要通过回顾病史的方式才能辨识被压抑的人格面具。如果病人从来没有真正发作过，只是受到压抑面具的影响和干扰，那么就要想方设法地揪出干扰面具，才能从根源上治疗心理问题。

其次，要借助描述、回忆或者表演等方式展示面具，释放出面具的能量。在运用这些方式展示面具的过程中，求助者能够释放相应的情绪，也会表现出相关的认知和行为。其中，表演的方式是最主动直接的，也能够更大限度地释放面具的能量。

再次，要接纳。初步的接纳就是识别和展示。此前，病人会否认甚至排斥被压抑的面具，经过努力之后，他们会展示面具，接纳面具。在此过程中，他们可以进行"自我对话"，或者以"进入面具"的方式深入接纳被压抑的面具，与其和解。

最后，安置面具。面具的能量一旦得到释放，就不会继续

"泛滥"，而只在处于特定情境之中时才会做出反应。安置，则表明已经承认和接纳了被压抑的面具，使其成为"合法"存在，这也意味着接纳。

总之，人格面具与人格面具之间的关系是很复杂的，也许是彼此对立的，也许是和谐融洽的；也许是相互疏远的，也许是彼此接纳的。在对立关系中，人格面具会产生分裂，也因为受到压抑而出现投射，甚至是人格障碍发作。在和谐融洽的状态下，人的心理则会非常健康，人格也是统一的。

从本质上而言，心理障碍就是人格面具互相对立，彼此疏离，抗拒排斥。所有心理活动都是人格面具的呈现，同样的道理，所有心理障碍都是人格面具障碍的呈现。从这个意义上说，心理治疗就是处理和重建人格面具。

现代社会中，很多人都有不同程度的心理问题，然而，对心理疾病的忽视以及讳疾忌医的想法，使很多人明明意识到自己的心理异常，却不愿意面对，或者抗拒治疗。当然，也有些人对自己的心理状态无知无觉。每当身体患上疾病，人们就会紧张地寻医问诊，但是哪怕知道心理有疾病，人们也会将其归结为心情不好等原因。和身体疾病相比，心理疾病是更隐蔽的。例如，很多抑郁症患者对自己的病情毫无觉察，而他们身边的人，也往往要等到当事人被抑郁情绪严重困扰甚至做出过激的行为时，才会有所觉察。

要想保持身心健康，我们就要深入了解和认识人格面具，这样才能及时发现心理问题，也才能及时地关注心理健康。

人格面具产生于人际交往

在社交中，很多行为都印证了人格面具理论。例如，有些人喜欢以不同的面具示人，对有些人曲意逢迎，对有些人则高高在上；对有些人表现得很没有耐心，对有些人则又不厌其烦。当同一个人表现出各种明显不同的人格面具时，日久天长，周围的人就会认清他两面三刀的本质，因而指责他虚伪善变，始终戴着假面生活。在现实生活中，很多人都认为"面具"带有贬义，因而不愿意被他人形容为戴着面具生活的人，也对"假面具"避之不及。

其实，从心理学的角度来说，人格面具是特别重要的心理学概念。作为弗洛伊德的弟子，荣格在理论研究的后期首次提出了人格面具的概念。人格面具原本是希腊语，指的是演员在表演的过程中所佩戴的面具。荣格在进行精神分析理论研究时，借用了这个词语，创造出心理学中的人格面具的概念。荣格提出，人在漫长的一生中始终与周围的环境发生互动，为了适应不同的环境，形成了不同的应对机制。这些应对机制，就是人格面具。在漫长的人生中，一个人形成的应对机制越多，也就意味着他的人格面具越多。

人际交往环境是形成不同人格面具的关键因素，这是因为和客观环境的变化相比，人际交往的环境中充满了形形色色的人，因而是更加复杂多变的。从这个意义上来说，人格面具产生于人际交往。因为人的变化，往往意味着很多客观因素的变化。对此，我们如何理解呢？

首先，人际交往使人形成了不同的人格面具。例如，一个骄横跋扈的人面对上司时可以表现得很顺从，在面对下属时却又表现得居高临下，颐指气使。再如，一个凶狠的男人在面对弱小者或者仇人时也许会非常残暴，但是面对自己所爱的妻子和孩子时却非常温柔，判若两人。很多人在得知某个人不为人知的一面之后，总是感慨"真没想到他是那样的人"，可见他们对某个人的印象是很刻板的，换言之，他们眼中的"他"只是"他"经常呈现的某一个人格面具而已。

与这些善于自由转换各种人格面具的人不同，有些人性格简单直接，不喜欢来回转换面具，也有可能是不擅长来回转换面具。这使他们即使扮演不同的角色，或者置身于不同的环境，也依然采取相同的方式应对。这难免会给人留下不知变通的印象，而自己也会与人交往不顺，或者遭到冷落，或者被人排挤，因而感到特别委屈和压抑。

其次，心理障碍的本质就是人格面具障碍。每个人都有不止一个人格面具，也常常展现所有面具中的一部分面具，而隐藏和压抑另一部分面具。每当受到某些事情的触动时，那些被压抑的面具就会表露出来，尤其是在情绪激动，甚至失控的状态下，那些被长久压抑或者隐藏最深的面具就会呈现出来。

需要注意的是，所有的面具都是一对对形成的，也是一对对呈现的。这就像是硬币的正面和反面，缺一不可。在成长的过程中，很多孩子表现得特别乖，对父母言听计从，从来不会违背父母的意思。然而，终有一天他们不愿意继续乖下去，就会故意与父母作对，做一些明知道会被父母反对的事情。有人说这是孩子的叛逆期姗姗来迟了，其实只是孩子此前一直以乖面具压抑着叛逆面具而已。当叛逆面具占据上风，他们也就会表现得截然不同。为了避免孩子在彻底不乖之后做出出格的举动，父母应该有意识地放松对孩子的管理，让孩子有机会可以适当地任性。这就像是吹气球，如果一直在给气球吹气，那么当到达极限值之后，气球必然会爆炸。反之，如果有限度地给气球吹气，那么气球就不会爆炸，而是会保持最佳的状态。所谓张弛有度，就是这个道理。

所有的面具都集中于一个生命体，所以发生冲突是难免的。每当感觉到自己的内心出现矛盾时，我们就要意识到面具之间发生了冲突。在这种情况下，简单粗暴地压制面具是不可取的，当积聚了越来越多的反抗能量时，心理必然会出现障碍。这就如同治理水患，应该采取疏通的方式解决问题，而不要试图堵塞，否则只会导致问题变得越来越严重。从这个意义上来说，要想治疗心理障碍，就要重建人格面具。心理健康是以人格的统一和完整作为重要标志的，因而要识别、接纳、重新整合和重建人格面具，才能完善人格，完成心理治疗。

有些人曾经找过心理医生，那么就会知道心理医生诊治的主要方式就是与病人沟通。只有充分了解病人的人生经历，精准分析病人的人格面具，才能做到有的放矢地疏导病人的情绪，解开病人的心结，消除病人的障碍。面对那些压抑心理面具的病人，心理医生还会采取催眠的方式唤醒病人所有的人格面具，这样才能帮助处于对立状态的面具彼此了解，达成共识。也有些病人的所有面具都混杂在一起，那么就需要重新分化和整合面具，从而建立新的人格面具。所有的人格面具都不会消失,既然如此,把它们安置在合适的地方是关键。这就是净化心灵的过程。

从某种意义上说,进行心理治疗,就是释放心理能量。很多人情绪暴躁,一旦感到生气或者愤怒就会砸碎东西、疯狂跑步、大声喊叫等,这就是他们发泄心理能量的方式。如果能够采取正确的方式释放能量,而不采取错误的方式,就不会导致严重的后果。总之,人人都会有各种各样的心理问题,切勿讳疾忌医,在有了心理问题之后,一定要学会自我觉察,也在必要的情况下及时求助于心理医生。

物以类聚,人以群分。在人际交往中,对那些志同道合的朋友,我们要多多亲近,敞开心扉交流;对那些总是让自己陷入糟糕情绪的人,我们则可以敬而远之。如果非要与对方打交道,就要做好心理建设,劝说自己不要总是太较真,只要与对方维持表面的和平即可。

人格面具的种类

面具构成了人格，每个面具就是一个人格侧面，也可以将其称为子人格。把所有的人格侧面，也就是子人格相加，就是人格。根据场合不同，人会有意识或者无意识地选择面具。每时每刻，人都戴着面具。也许有人会问：有没有人从来不戴面具呢？其实，当摘掉假面具，人就会露出真面目，而所谓的真面目，也是一个面具。从这个意义上说，面具不分真假，只分隐私面具和公开面具。既然面具与人如影随形，那么，人只能通过面具表达所有的心理活动。从这个意义上说，心理障碍的本质就是面具障碍。

荣格曾经说过，人了解自己恰如在暗夜里前行，必须得到他人的帮助。在漫长的人生中，每个人都在认知自己，也可以说人生就是认知自己的过程。认知自己，既需要积累知识和经验，也需要坚持进行自我反思。现代社会中，心理学得到了很大发展，也有了各种方法可以进行心理测试。其实，每个人对自己都充满好奇,所以才会热衷于心理测试,会关注星座解说,也会完成各种心理学问卷等。在网络上,时常会跳出来一个心理测试的页面,在完成之后还有扫码付款的提示。这恰恰利用了人们对自己的好奇,很多人想更深入地了解自己的心理状态,所以就会毫不迟疑地付款查看结果。

然而,很少有人能够从整体上认知自我,即使采取各种方式试图探究自我,也只能得到关于自己的很多碎片。当把这些碎片如同拼图一样拼凑起来,人格才会渐渐形成整体。每种人格所展现的气质和个性是不同的,由此也就决定了人格面具千人千面,甚至一人千面。有的时候,我们会在他人身上看到与自己相似的特点,也会发现自己不知不觉间在某个方面很像他人。人格面具产生于人际交往,人的社会性也由此得到充分体现。

那么,人格面具到底分为哪些类型呢?只有粗略地了解不同的人格类型,也结合自身的各种心理表现进行自我分析,我们才能更加了解自己,也才能形成健康的心理状态。接下来,就让我们先一窥人格面具的种类吧。

抑郁型人格:现代社会中,很多人都陷入抑郁状态,原因多种多样,不一而同,要想摆脱抑郁状态,就要调整视角看待自己，也要转换角度思考问题。记住，不要让黑白灰变成人生的底色，你的人生本该更加精彩！

边缘型人格：边缘型人格者的显著特点是情绪冲动，行为偏激。很多边缘型人格者越是得到身边人的包容，越是会变本加厉。对这样的人，与其一味地宽容他们，不如把他们的情绪炮弹反弹回去，以牙还牙也许是对待他们的好办法。

强迫型人格：强迫型人格者凡事都追求绝对的完美，哪怕只有微小的瑕疵，根本无关紧要，他们也会因为没有达到完美的预期而感到失望沮丧，甚至绝望。不能说强迫型人格是不好的，如果能够合理控制对完美的预期，那么可以促使自己做出更好的表现，力求得到最好的结果，也能坦然接受不那么完美的结果。

表演型人格：倾向于贬低或者抬高身边的人，想要与他人之间建立彼此信任的关系，想要把自己的需求告诉对方。表演型人格者就像演员，很喜欢吸引他人的关注。

自恋型人格：自恋型人格者如同骄傲的水仙花，只喜欢对着河面欣赏自己。他们努力扮演英雄的角色，想要得到他人的崇拜。殊不知，一个没有正确自我认知的人，很难得到他人的真心喜欢。

被动攻击型人格：尽管内心不满，他们却不敢表达，因而就以一些消极对抗的方式攻击他人，例如，孩子不想完成父母布置的课外作业，因而故意拖延。因为一些压抑的负面情绪，他们还会做出恶劣的举动。

回避型人格：回避型人格的人常常表现出对社交场合、亲密关系和自我评价的强烈恐惧和回避。他们常常缺乏自信，对批评和指责过度敏感，对拒绝和排斥也过度担心。这种人格通常会导致社交障碍、孤独感和情感隔离。

依赖型人格：依赖型人格的人过分依赖他人的支持和决策，缺乏自主性和独立思考的能力。他们常常感到无助和无能，难以自己做出决定或承担责任，往往需要别人的不断指导和照顾。这种人格可能会引起人际关系的紧张和他人的不满，同时也会影响个人的职业发展和心理健康。

除此之外，常见的人格面具还有焦虑型人格、讨好型人格、自卑型人格等，在此不再赘述。本书中，我们将对以上各种人格面具进行具体分析，帮助你识别人格面具，更好地认识自己、了解他人。

第二章

抑郁型人格

古希腊医师希波克拉底把人的气质分为胆汁质、多血质、抑郁质和黏液质。两千多年来，尽管相关人士一直在研究抑郁，但是对抑郁依然知之甚少。对于抑郁，J. K. 罗琳为其起名为"摄魂怪"，温斯顿·丘吉尔为其起名为"黑狗"。从这个两个名字不难看出，抑郁多么可怕。

抑郁型人格的特点

简要地说，抑郁型人格的特点是持续地悲观，心态消极，对任何事情都提不起兴致，缺乏成就感，也很少为一件事情而兴奋。很多抑郁症患者的典型表现是无意义感，即认为人生中的所有事情和所有人都毫无意义。对要做的事情，他们会怀疑自己不能胜任，或者没有能力完成。为此，他们总是很消沉，萎靡不振，但内心并不那么悲伤。与缺乏成就感相对应的是，抑郁症患者产生了无价值感，即认为自己的存在毫无意义，毫无价值，可有可无。尤其是当遭受挫折和打击时，他们更是会产生强烈的负罪感，把所有责任都归于自己，因而陷入懊丧、压抑等情绪漩涡中无法自拔。

抑郁症患者不管是对自己还是对他人都高标准严要求，最终，他们既对自己不满，也对他人不满。在人际交往中，他们很少肯定他人，也很少表扬他人，而是常常口无遮拦地抱怨和指责他人，对待他人就像对待自己一样苛刻。对于身边人，他们先入为主地认为他们是不怀好意的，所以很容易就会被他人激怒。尤其是面对他人的评论时，他们走向了极端：或者极其自负，不接受一切负面评价；或者极其自卑，贬低自己，否定自己。总的来说，抑郁型人格者有鲜明的特点，当我们深入了解抑郁型人格后，就可以对照自身的行为举止和他人的言行表现做出初步判断。

最近，张蕾特别悲观，不管做什么事情都提不起兴致，总觉得自己的人生才三十几年，就已经走到了尽头。她忍不住唉声叹气，就连对自己最爱的女儿都感到厌烦。作为狱警的丈夫回到家里，发现张蕾的状态不对，马上警觉起来。他想张蕾也许是太累了，毕竟他每次上班都要连轴转一个星期才能回家，张蕾不但要上班，还要照顾女儿。为此，他特意多干家务活，多带女儿，想让张蕾好好休息。

一段时间之后，张蕾没有任何好转的迹象。在丈夫的劝说下，她才去了心理门诊问诊。经过一番测试，医生怀疑张蕾患上了抑郁症。医生问张蕾："你最近有没有失眠表现？"张蕾摇摇头，又点点头，马上又摇摇头。医生耐心地看着张蕾，张蕾不好意思地解释："我睡觉的时候能睡着，但是到了凌晨会醒来，就会睡不着。"医生又问："你会觉得人生没意思吗？"张蕾毫不迟疑地点点头，说："不知道自己为什么这么辛苦，这么忙碌，感觉所有事情都很空虚。"医生最终诊断张蕾患上了中度抑郁症。为了辅助治疗，医生还与张蕾的丈夫进行了交谈。虽然丈夫想到张蕾有可能患上抑郁症，但是没想到已经这么严重了。在医生的叮嘱下，他决定积极地配合医生，帮助张蕾走出抑郁的泥沼。

抑郁症是一种沉默的心理疾病，不像其他心理疾病那样有特别明显的表现，令人无法忽视。很多抑郁症患者都不能意识到自身心理状态的异常，身边的人也许因为忙碌而忽视了他们，往往也不能意识到他们的变化。在这种情况下，很多抑郁症患者一旦问诊，就已经到了中度甚至重度抑郁。为了避免延误病情，每个人都应该学习基本的心理学知识，及时地判断自己的心理状况。唯有如此，才能第一时间得到必要的帮助。

不要误解抑郁症

说起抑郁症，很多人都怀有误解，这是因为前些年心理学的发展相对滞缓，因而大多数人都不了解抑郁症。在很多人的心目中，抑郁症就是郁闷、压抑、心情低落。随着心理学的发展，人们对抑郁症的了解越来越深，大部分人已经知道抑郁症不同于情绪的暂时低落。抑郁症与低落情绪的本质区别在于，暂时的情绪低落会随着时间流逝而好转，而患有抑郁症的人仿佛溺水将死之人，感到窒息且绝望，很难只靠着自身调节摆脱抑郁情绪。如今，已经证实抑郁症甚至不是单纯的心理问题，因为很多抑郁症患者都有明显的生理症状。可见，抑郁症是实症，而非虚症，一旦怀疑自己或者他人患上抑郁症，就要及时就医，切勿延误。

很多重度抑郁症患者随时随地都会被抑郁情绪淹没，甚至情绪冲动想要自杀，也有一些重度抑郁症患者已经付诸行动了。这不是某个人的悲剧。随着时代的发展，很多人都承受着巨大压力，因而抑郁症患者也越来越多。因此，我们要在全社会范围内开展抑郁症的普及教育，让更多的人关注抑郁症，关爱抑郁症患者。

和忧郁、忧伤等负面情绪相比，抑郁症是完全不同的。负面情绪会随着时间的流逝而消散，哪怕是心碎欲绝，绝望透顶，也会渐渐好转。但是，抑郁症却不会消散，它就像是寒冷渗透进大地，渐渐地就连地球核心的岩浆都会因此而冰冻。我们还可以从反义词的角度区分抑郁症和忧郁。忧郁的反义词是高兴、欢乐，而抑郁的反义词应该是活力。由此可见，忧郁是一种情绪状态，而抑郁症则是一种生命状态。举个简单的例子，普通人哪怕心情暂时低落，只要发生开心的事情，他们马上就会高兴起来，或者至少会不再那么伤心。但是，抑郁症患者即使得到好消息，也会表现冷漠，漠不关心，觉得好消息与他们毫无关系。严重的无存在感和无价值感，还会使他们懒得捡起地上的百元大钞，那是一种万念俱灰的生存状态，如同冰冻千尺，无法消融。

正如前文所说，每个人都有不同的人格面具，也有不同的心理障碍和表现。与大多数抑郁症患者情绪低落阴沉不同的是，有些抑郁型人格者是能够感受到快乐的，甚至于他们自身就是很幽默的人。例如，马克·吐温作为美国讽刺小说家向来以幽默诙谐的表达方式闻名，很少有人知道他是抑郁型人格者。再如，很多人都喜欢看著名笑星憨豆先生的表演，也常常被憨豆先生的表演逗得哈哈大笑，他们很难想到给无数人带来欢乐的憨豆先生也是抑郁型人格者，还曾经受到抑郁症的折磨。

不管做什么事情，心理健康的人都会获得成就感，也能收获快乐。但是，即使面对出乎意料的大收获，抑郁型人格者也会很消极，表现得萎靡不振。这样一来，他们就失去了做大多数事情的动力，对人生无欲无求，也彻底地悲观失望。只有全面认知和深入了解抑郁型人格，我们才能辨识抑郁型人格，也积极地面对抑郁型人格。

原生家庭造成的抑郁型人格

大多数抑郁型人格者的童年生活经历都是与众不同的。借助弗洛伊德理论分析抑郁型人格的形成可知,个体产生抑郁心理,与早年失去亲人的体验和经历密切相关。也有些抑郁型人格者童年时期就遭到遗弃,这给他们留下了难以消除的心理阴影。简言之,抑郁型人格的形成与年幼失怙相关。

年幼失怙的原因不一而足,例如:因为意外或者疾病,父母去世;因为父母离婚,所以孩子只能跟随其中一方生活;因为孩子是意外降临人世的,所以父母选择遗弃孩子等。孩子是那么幼小无依,对他们而言,父母是他们唯一的依靠,也是他们的整个世界。可想而知,孩子在失去父母之后会多么惶恐无助。尤其是现代社会中一些父母因为各种原因离婚,这给孩子带来的伤害是更大的。

从心理学的角度分析,因为原生家庭形成抑郁型人格的人会有以下表现。

首先，年幼失怙的孩子有自罪倾向。对闹离婚的夫妻双方而言，他们很清楚婚姻破裂的根源在哪里，但是，一则他们不愿意向孩子解释清楚，二则孩子太小，也无法理解他们为何离婚。很多孩子倾向于把父母离婚的责任归结于自身，他们认为正是因为自己表现得不够好，所以父母才会分开，谁也不想要他。无疑，被父母双方嫌弃或者遗弃，对孩子而言是灭顶之灾。哪怕父母都想得到孩子的抚养权，甚至争夺抚养权，孩子也会因为成为父母争夺的对象而感到被撕裂的痛苦，其实孩子既不想失去父亲也不想失去母亲，更不想在父母之间做出选择。有些孩子在父母离婚之后就像变了一个人，尤其是在父母都再婚之后，他们更是觉得自己无家可归。每个孩子都需要稳定的家庭环境，一旦觉得自己无处可去，无可依靠，他们的内心必然是诚惶诚恐的，为此在潜意识里认定自己是有罪的，所以才会受到这样的惩罚。

除此之外，孩子即使长大成人，也会因为父母失败的婚姻而畏惧爱情，恐惧婚姻。从这个角度来看，父母离婚带来的阴影将会伴随他们一生，甚至在某种程度上决定了他们婚姻的不幸。

因为始终否定自己，这些孩子总是看不到自己的优点和长处，也不愿意慷慨地认可和赞美自己。长此以往，他们就会陷入抑郁的泥沼无法挣脱，还会影响身边关系亲近的人，导致他们与对方的关系随着抑郁程度加深而变得糟糕。

其次，抑郁型人格者对自己，对当前的体验，对未来，都很消极。正是受到这种心理的影响，他们会过低地评价自己，认为自己注定失败。与那些积极的人主动寻找自我成就感不同，他们主动寻找挫败感，哪怕是对有很大把握获胜的事情，他们也会更关注失败，而选择性地忽视成功。

很多人都喜欢读古龙的小说，因为在古龙笔下的世界里，那些大英雄充满了悲情色彩。其实，古龙之所以喜欢塑造悲情英雄，是因为他自身的原生家庭，也因为他自身的成长经历。

很小的时候，古龙就被父亲抛弃了。他的父母感情不和，父亲为了另外一个女人，选择离开古龙和母亲。多年来，古龙从未向任何人说起自己的原生家庭和成长经历，直到他的父亲因为患上了帕金森综合征登报寻找儿子，古龙的身世才渐渐为朋友们知晓。朋友们不知道的是，古龙因为原生家庭而形成了抑郁型人格，所以他会在无意识的状态下塑造很多抑郁型人格的主角。

很多抑郁型人格者都与古龙一样自我否定，消极悲观，不愿意进行任何挑战，也不愿意自我实现。亚伦·贝克提出，抑郁的根本源头在于消极的认知过程，而消极的认知过程又产生于自我挫败的思维方式。简言之，自我挫败的思维方式使人否定自己的能力，认为自己不管做什么事情都很难获得成功。为此，他们就会选择彻底放弃，不进行任何努力和尝试。

在这样的情况下，抑郁型人格者就会进入恶性循环的状态，越是放弃努力越是遭遇失败，越是遭遇失败越是否定自己，越是否定自己越是放弃努力……这样的恶性循环对他此前的自我认知起到了强化作用。为了打破这个魔咒，一定要端正自我认知态度，相信自己有能力做好很多事情，也拼尽全力争取最好的结果。即使失败也不要否定自己，既然失败是成功之母，那就张开怀抱迎接失败吧，相信当我们以积极的态度面对失败，把失败作为向上攀登的阶梯，那么终有一日我们能抵达顶峰。

饱经生活磨难而形成的抑郁型人格

心理学家提出,抑郁型人格者其实处于习得性无助状态。换言之,当一个人总是遭遇失败,或者接二连三地遭遇失败,哪怕付出超乎寻常的努力也不能获得更好的结果,那么他就会认为自己的努力是无效的,是无济于事的。这样的状态,其实是因为一个人长期饱受生活的磨难,尝尽生活的艰难,而从来没有得到命运的善待。

作为全世界版税最高的作家之一,J. K. 罗琳是一位抑郁型人格者。1965年,罗琳出生在英国格温特郡,她的父亲是机场管理员,她的母亲是实验室技术人员。中学时期,性格内向的罗琳就很擅长编故事,经常会把身边的人编入虚构的故事。摩根夫人是罗琳的老师,她很喜欢以测试智商的方式决定每个学生在教室里的座位。罗琳深深地被这种简单粗暴的方式伤害,她宁愿接受体罚,也不想被老师以这样的方式羞辱。经过智商测试后,摩根夫人坚持认为罗琳很笨,但罗琳始终不认可这一点。后来，罗琳没有考上理想中的牛津大学，而是进入家附近的埃克塞特大学读书。

大学毕业后，罗琳一直没有找到工作，只能在伦敦四处打零工，勉强维持生计。后来，罗琳去曼彻斯特找大学时期交往的男朋友，在从曼彻斯特回伦敦的火车上，罗琳构思出了哈利·波特的形象。

罗琳创作哈利·波特的故事时，受到母亲去世的影响，故事的整个发展脉络都变得不同了。除了被母亲去世沉重打击，罗琳还与丈夫离婚了，带着女儿杰西卡净身出户。罗琳一个人抚养女儿异常艰辛，渐渐地，她出现了抑郁倾向。在哈利·波特的故事中，罗琳的抑郁化身为"摄魂怪"，与哈利·波特为敌。罗琳认为，一个人如果从没有罹患抑郁症，是无法体会抑郁症的感觉的，因为抑郁症绝不仅仅是悲伤。后来，罗琳在长达九个月的时间里一直接受治疗，才缓解了抑郁症状。在妹妹的支持下，罗琳始终坚持写作，最终创作出轰动世界的哈利·波特的故事。

罗琳的一生饱经磨难，还受到抑郁症的困扰，那么她是如何熬过艰难时刻的呢？罗琳始终认为，人一生下来就要受苦，正是在这种想法之下，她才能接受所有的逆境与坎坷。1997

年，随着《哈利·波特与魔法石》的问世，罗琳声名大噪，很快就荣登英国女性富豪榜。与此同时，罗琳的抑郁症状大大缓解，但她依然保持着一些抑郁型人格的特点。例如，她很害羞，她喜欢在网络上与人争辩。

与罗琳一样，平凡的刘默也是抑郁型人格者。

刘默虽然已经考上了名牌大学，在宽敞明亮的教室里读书，但她是那么胆小自卑，又敏感多疑。刘默的家在偏僻穷困的农村，从小，她就知道要通过读书改变命运。父母拼尽全力供养她读书，也是希望她有朝一日能够离开落后的家乡，去大城市里生活。所以，虽然在读书期间吃不饱穿不暖，吃了无尽的苦头，刘默从不叫苦叫累，更没有任何时刻想过放弃，就这样咬紧牙关考入名牌大学。原本刘默以为自己从此就能开始不同的人生，却发现自己的境遇更加糟糕了。在读大学之前，刘默在县城读高中，在镇子里读初中，在村里读小学。虽然她家里很穷，但与身边的同学还没有那么大的差距。来到大城市，进入大学，刘默才知道自卑得抬不起头是什么滋味。

看到身边的女同学们都打扮得花枝招展，穿着褪色衣服的刘默恨不得找个地缝钻进去；每次吃饭，她都不好意思和熟悉的同学一起吃，而是要等到同学们几乎都吃完了，她才磨磨蹭蹭地去食堂，打一份最便宜的饭菜以最快的速度吃完。有一次，刘默正在吃饭，一个同学有事情耽搁了，这时才来到食堂打饭。看到那个同学端着饭菜走向她，刘默紧张得脸色煞白。她慌乱地端着剩饭逃之夭夭，谎称自己已经吃饱了。每到周末，女生们结伴出去逛街吃饭，刘默只能早早地躲到图书馆里看书。此外，她曾经引以为傲的学习现在也不像以前那么出类拔萃了，大学里人才济济，很多优秀的同学还琴棋书画样样精通，这让刘默更觉得自己一无是处。渐渐地，刘默越来越自卑，性格也越来越孤僻。她承受着巨大的心理压力，最后居然提出要退学，不愿意继续完成学业。父母得知消息震惊极了。后来，学校里的心理辅导老师发现刘默心理异常，提醒刘默去看心理医生，这才发现刘默患上了抑郁症。后来，在学校、老师、父母和刘默自身的努力下，刘默终于战胜了抑郁症，最终完成了学业。

在《平凡的世界》里，孙兰香从小生活在穷困的家庭里，但是不卑不亢，靠着读书改变了自己的命运，也获得了幸福的人生。现实生活中，既有与孙兰香一样的人，也有像刘默一样的人。每个人都有属于自己的人生，每个人也都在创造和书写属于自己的人生。不管怎样，我们都要拥有一颗强大的心，才能在挫折和苦难中绽放出光彩。

人生在世，没有人能够一帆风顺，万事如意。既然如此，与其与各种负面情绪对抗，抱怨不如意的现实，不如坦然接受，积极应对。每个人注定要品尝人生百味，当不再抗拒那些不受欢迎的生命历程，我们就能拥有强大的心灵，也构建精神的大厦。

如何进行自我救赎

当觉察到自己属于抑郁型人格，或者初步判断自己患上了抑郁症，我们又该怎么办呢？首先，要相信随着心理学的发展，人们对抑郁的认知越来越全面和深刻，所以只要我们勇敢求助，必然能够得到有效的帮助，也会得到更多的关注和重视。其次，要了解更多的抑郁知识，积极地改变思维方式。再次，要认识到大脑的内分泌也会影响人的抑郁状态，所以在采取有效措施的同时，必要时还要接受药物治疗，这样才能增强自身的力量，与抑郁抗争。最后，要做好打持久战的准备，明确抑郁绝非一闪而过的情绪低落，而是很容易复发的，所以一旦觉察到抑郁有复发的征兆，就要当机立断采取有效手段进行干预。

尽管应对抑郁是一件很复杂的事情，但并不意味着抑郁是无可救药的。只要早发现，早接受，早干预，早治疗，我们就能与抑郁握手言和。很多心理学家认为，从本质上来说，抑郁是一种心理防御机制。如果能够把抑郁控制在合理的范围内，反而能够增强理性，督促我们坚持自我反省，坚持自我成长。古今中外，很多伟大的人物都曾经受到抑郁的困扰。从某种意义上来说，他们正是因为有抑郁的心境，所以才会有先见之明和敏锐的洞察力。为了战胜抑郁，他们做出了很多努力。例如，每当感到沮丧时，林肯就会拿出随身带着的剪报——他把报纸上刊登的赞美他的文章剪下来随身携带——认真地看一看、读一读，让自己振奋起来。

古人云："吾日三省吾身。"这句话告诉我们，坚持自我反省对成长和进步意义深远，是人生的大智慧。但是，古人还说，凡事皆有度，过度犹不及。如果我们始终都在反躬自省，并对这样的情绪从不加以控制，那么这种情绪就会泛滥成灾，让我们陷入病态的自责状态中。这就是思维反刍，也就是如同牛羊把胃里的食物返回嘴巴里继续咀嚼一样，被动地反复思考。这么做会产生两个结果，好的结果是激发我们产生新的想法和观点，坏的结果是让我们承受巨大的痛苦。在思维反刍的催化下，抑郁将会持续出现，反复发作。每个人都要随遇而安，活在当下，对该放下的过去，则要彻底放手，这样才能尽快摆脱抑郁。

心理学家已经证实抑郁症是一种疾病，而非单纯的心情不好。对待抑郁症要像对待普通的身体疾病一样，必要时服用药物。例如，很多人只要多喝水就能扛过普通感冒，但如果患上严重的流感，不但嗓子疼，还发高烧，剧烈咳嗽，那么就要服用药物以消灭病毒，或者对抗细菌，或者止咳化痰等。

随着对抑郁症的认识越来越深入，很多抑郁症患者和抑郁型人格者开始主动寻求医生帮助，也在医生的安排下服用相关药物。需要注意的是，有些抗抑郁的药物只对部分患者有效。在各种药物中，尽量选择能够对自己起到良好作用的药物。除此之外，还可以采取运动等方式调整身心。例如，慢跑能够刺激大脑分泌内啡肽，这对缓解抑郁是极其有效的。除了慢跑，我们还可以爬山、郊游、听音乐、绘画等。曾经有心理学家经过研究发现，作为抑郁症患者，如果能够坚持每个星期两次体育锻炼，每次至少坚持40分钟，只需要六个星期，就能明显缓解抑郁症状。

当然，每个抑郁症患者或抑郁型人格者的表现是不同的，一定要坚持以人为本，从自身的实际情况出发，选择最适合自己的方式对抗抑郁。注意，切勿人云亦云，盲目跟风。有些方法虽然适合他人，但是未必适合你。反之，适合你的方法，也未必适合他人。俗话说，心病还须心药医。当然，我们已经确定抑郁症不是单纯的心病，即便如此，有意识地调整自己的心理状态，改变自己的生活模式，依然会起到好的作用。

对抗抑郁的道路是漫长的，有些抑郁症患者和抑郁型人格者在集中治疗一段时间后的确得到缓解，但在未来某个时期感受到压力或者不如意时，抑郁情绪很有可能会卷土重来。当产生熟悉的感觉时，不要惊慌，就像你曾经成功对待它们的那样，你这次依然能够战胜它们。它们不是真的"摄魂怪"，也不是真的"黑狗"，我们越是了解它们，越是了解自己，就越是拥有成功的可能性。

第三章

边缘型人格

所谓边缘，就是临近边界，即临界。一直以来，很多心理学家都在深入研究各种心理学现象和心理疾病。进入20世纪之后，精神病学家经过研究发现，有些精神疾病患者的症状表现与躁郁症很接近，但又不完全符合躁郁症的诊断标准。为此，有心理学家提出了边缘型人格的新概念，也叫临界型人格。在当时，心理学家们认为这种类型的人格障碍，从表现上看介于躁郁症和神经官能症之间，处于临界状态。

边缘型人格的特点

当被用于描述人格水平时,"边缘"拥有丰富的内涵。它既可以典型地表现为神经症的某种症状,也可以典型地表现为精神病的某种症状。如果把边缘型人格比喻成一根长长的绳子,它的一端是神经症,另一端则是精神病。实际上,作为一种人格类型,边缘型人格在情绪调节方面是存在缺陷的,常常在两个极端之间不停地摇摆。

在边缘型人格者中,女性占比很高。在男性群体里,边缘型人格者大约占比1%,且往往处于刚刚成年的阶段;而在女性群体里,边缘型人格者的大概比例是3%。一般情况下,边缘型人格者会表现出明显的分离焦虑,常常因此自暴自弃,或者感到自己被人遗弃。在人际关系中,边缘型人格者行为表现、情感状态都很不稳定。

边缘型人格者很容易走极端,他们的思维模式简单粗暴,非黑即白,人际关系处于紧张变化的状态中。他们很少进行自我反省，或者过高地评价人际关系，或者过低地贬损人际关系。起初，他们会与某些人特别亲近，也表现出强烈的依赖，但是一段时间之后，他们又会疏远对方，甚至对对方心生厌恶。这样冰火两重天的态度，使他们的人际关系如同坐上了过山车一般忽上忽下，忽近忽远。

边缘型人格者对自我的认知和感觉也是不稳定的，这使他们的自我形象会在极短的时间内发生戏剧性的转变。这一点与很多处于青春期的少年有些类似，但边缘型人格者并非处于青春期。这种急剧的转化还出现在他们人生的其他方面，如突然改变长期的人生规划、职业发展目标，甚至突然改变价值观、交友观点、性取向等。为了操控身边的人，他们会采取一些极端的手段，轻则表现出身体不适的痛苦、绝望无助的状态，重则可能会自虐甚至是自杀。他们对人若即若离，有时候特别渴望与他人之间建立亲密无间的关系，有时候又会害怕被亲密关系伤害，因而刻意疏远对方。看到这里，我们可以想象如果与边缘型人格者恋爱，必然不可能享受岁月静好，而是会在情感方面经历波澜起伏。而一旦想要与边缘型人格的恋人分手，则要面临巨大的挑战。如果对方也愿意分手，分手会进行得很顺利；反之，如果对方压根不愿意分手，那么分手就会变得异常艰难。一旦对方采取自虐、自杀等方式试图继续关系，那么当事人就会感到内疚，或者害怕遭到谴责。基于这一点，恋爱时，在觉察到对方可能是边缘型人格者之后一定要慎重地判断自己是否真的喜欢对方，想要与对方共度一生，在三思之后再决定是否真的要开始正式的恋爱关系。

边缘型人格者有时还会做出很多疯狂的举动和行为，如试图自我毁灭，采取自杀手段结束生命，不顾性命安危地飙车，或者暴饮暴食等。这些行为都会严重地伤害边缘型人格者，也会使他们身边的人为此感到担忧和焦虑。

在各种类型的人际关系中，边缘型人格者对周围的环境和关系的变化都是异常敏感的。越是亲近的人，他们越是无法忍受分离，哪怕只是要在短时间内分离，他们也会觉得无法忍受。当对方理智地对他们提出意见，或者批评他们时，他们会遭受和分离一样的感受。这注定了边缘型人格者的内心是异常脆弱的，也是很容易走向极端状态的。

分离焦虑的典型表现

从精神分析的角度探究边缘型人格是如何形成的，就会发现一个人如果在童年时期没有得到爸爸或者妈妈的陪伴，就会产生严重的分离焦虑，也会产生被遗弃感。这是很多边缘型人格者人格形成的重要原因之一。

在生育孩子之后，很多妈妈辞掉工作，成为全职妈妈。在孩子成长的漫长岁月里，她们始终陪伴在孩子身边，无微不至地照顾孩子。为此，很多孩子特别亲近妈妈。到了上幼儿园的年纪，他们不得不离开妈妈独自进入幼儿园，就会产生分离焦虑。当然，在正常情况下，这样的分离焦虑只是短暂存在的，随着孩子认识到妈妈到了下午就会准时接他回家，分离焦虑就会消失。然而，对那些在童年时期因为各种原因失去爸爸妈妈的孩子来说，分离焦虑则会给他们带来深远的影响，甚至影响他们的人格形成，进而影响他们的一生。很多人都喜欢影星安吉丽娜·朱莉，认为她不但特别漂亮，而且独立自强，是值得尊敬和崇拜的。很少有人知道，朱莉就是边缘型人格者，她常常因此感到困扰。

朱莉的父母都是演员，自从生下两个孩子之后，妈妈不得不为了照顾孩子和家庭而放弃事业，成了全职妈妈。让妈妈倍感伤心的是，爸爸在她全心全意投入家庭之后居然出轨了。妈妈愤怒地与爸爸离婚，小小年纪的朱莉跟随妈妈一起生活。然而，因为朱莉长得实在太像爸爸了，妈妈只要一看到朱莉就会想到那个负心背叛自己的男人。为此，她很抗拒看见朱莉，在将近两年的时间里，她把朱莉交给保姆照顾，自己则一直远离朱莉。可怜的朱莉不但失去了爸爸，也失去了妈妈。

直到长大成人，朱莉依然记得自己从小就没有得到过父爱。后来，妈妈终于把朱莉接回身边，独自养育朱莉和哥哥，因而在经济方面一直非常困难。即便如此，妈妈为了面子，还是让朱莉进入收费昂贵的比弗利山高中读书。为此，全家人都节衣缩食，朱莉只能穿旧衣服，常常遭到同学们的嘲笑和挖苦。正是在这段时期，朱莉越来越崇拜迈克尔·杰克逊。她把头发染成深紫色，还穿着到处都是铆钉的皮夹克，甚至结交了一个男朋友。她的男朋友是朋克乐队的成员。在男朋友的影响下，朱莉也整天在租来的车库里听重金属音乐刺激神经。这使朱莉越来越神经质，且特别敏感，表现出更为明显的边缘型人格的特征。

后来，很多人都从网络新闻上得知朱莉切除了乳房、双侧卵巢和输卵管。这是因为朱莉的外祖母、母亲和阿姨都死于与此相关的癌症，而她罹患相关癌症的可能性也远远高于常人。为此，她选择以预防手术的方式彻底舍弃有可能患癌的乳腺和卵巢，可谓勇气非凡。这与她的边缘型人格、童年时期的成长经历都有着一定的关系。

心理学家研究发现，在家庭生活中，父亲角色的缺失对孩子形成边缘型人格的影响更大。在有些家庭里，父亲角色虽然没有缺失，但是很弱，同样会影响孩子的人格形成。例如，在父亲教育缺位的情况下，母亲独自操持家务和照顾孩子，难免会情绪暴躁甚至抑郁，进而导致母亲与孩子之间的关系很紧张。在成长的初期，孩子的心灵是很脆弱的，他们全然依赖家庭和父母而存活，因而与父母的关系紧张会给他们留下严重的心理阴影。一旦在童年时期被父母忽视，或者被强制要求与父母分开，或者与其他负责照顾自己的人分开，或者是被虐待，或者总是不得不忍受照顾者喜怒无常的情绪，都会影响孩子的身心发展，使他们无法对世界形成统一的综合观念。

很多人都喜欢荡秋千，因为秋千在空中来回飞荡，也让人心神起伏。但是，如果情绪也像是荡秋千一样忽而到达最高点，忽而到达最低点，在好与坏的两个极端之间摇摆，孩子必然无法形成稳定的人格。渐渐地，他们的心也仿佛一直在荡秋千，忽高忽低，忽上忽下，忽远忽近，忽而亢奋忽而颓丧。

为了避免孩子形成边缘型人格，父母应该多多陪伴孩子，以稳定的情绪状态面对孩子。即使因为一些原因而不得不选择离婚，也要优先考虑和照顾孩子的情绪，满足孩子的心理需求和情感需求。如果已经意识到自己是边缘型人格，则要结合自身的各种表现，有效地调节自身的情绪，控制自身的行为。

无法承受之重——自弃感

边缘型人格者有强烈的自弃感，这与他们在婴幼儿时期的人生经历、与他人之间的依恋关系，以及曾经受到的心理创伤是密切相关的。心理学家研究发现，大多数边缘型人格者在童年时期的成长过程中没有得到足够关爱，其中有些人曾经受到过虐待，或者是被照顾者遗弃。为此，他们总是忐忑不安，提心吊胆，也特别恐慌。他们渴望得到帮助，也渴望获得安全感。但是，当真正得到他人的关爱和帮助，也产生了安全感时，他们非但不会心安，反而会更加惶恐。因为他们害怕失去得到的一切，害怕再次被虐待，或者被遗弃。强烈的不安全感仿佛是厚重的乌云，始终遮挡在他们人生的天空中。

在美国历史上，玛丽莲·梦露是最耀眼的明星，她的魅力甚至征服了美国总统。然而，在事业发展的巅峰时期，她却被发现因为服用了过量安眠药死在家里，就此明星陨落，香消玉殒。

梦露并非婚生女,所以她从小就没有家。在她还没有出生时,父亲就去了遥远的他乡。在她七岁时,母亲患上了精神病。所以对梦露而言,她是没有父亲的,仅有的母亲也不完整,没有给她应有的关心和爱护。在母亲进入精神病院后,梦露先是去了孤儿院,后来又在收养家庭里生活。在此期间,她遭到了家庭暴力,身心都受到了严重的伤害。年仅十岁的梦露出现了各种心理问题,她结巴,特别恐惧社交。

渐渐长大的梦露越来越美丽,她不顾一切地抓住所有机会,想要在好莱坞里拼出名气。她的职业发展很顺利,但是她的人生并不幸福。在短暂的生命之中,梦露有过多次短暂的婚姻。对自己,她有一定的认知,她认为自己自私暴躁,没有安全感,喜欢发脾气,很不快乐。梦露的自我评价给她的人生确定了基调,她的一生都在惶恐悲伤中度过。

梦露严重依赖酒精和安眠药,还数次尝试自杀。最终,她的确以自杀的方式结束了宝贵的生命。在与心理问题抗争的过程中,梦露还求助过心理医生,但是心理治疗对她的效果显然微乎其微。后来,年仅三十六岁的梦露终于离开了令她悲伤的世界。

其实,并非只有女性才会形成边缘型人格,很多男性也会受到边缘型人格的困扰。例如，日本"无赖派"作家太宰治，就是边缘型人格者。在一生之中，他数次尝试自杀，而且曾与他人相约一起自杀。由此可见，对边缘型人格者而言，他们自杀的企图是真实存在且非常强烈的，并非故意做出自杀的举动以威胁他人，最终达到自己的目的。在自杀成功之前，边缘型人格者还会做出自虐、自残的行为，这其实是强化自己的自杀模式，在此过程中，他们距离生命的毁灭越来越近。

例如，太宰治多次与异性约好一起自杀，但是都失败了。最后，他先是服用了毒药，继而投河溺死了自己，结束了痛苦的人生。对于生命，他有强烈的自弃感，所以才会说"生而为人，真的对不起"这样悲观厌世的话。

从心理学的角度分析，边缘型人格者害怕自己被他人抛弃，但他们会首先自己放弃自己。换言之，他们很讨厌自己，总是否定自己，认为自己一无是处，特别卑劣，还有些人觉得自己很丑陋，很肮脏，很没有价值，甚至认为自己压根不应该出现和存在于这个世界。为此，他们自轻自贱，自暴自弃，想要彻底抹除自己留在世界上的所有痕迹。

对于边缘型人格者而言，一旦发现有人关爱他们，他们就很容易爱上对方。但是，因为害怕被对方抛弃，他们又会患得患失，呈现出神经质的特点。要帮助他们消除自我否定的倾向，就要从他们的原生家庭着手，引导他们与原生家庭和解，也真正地接纳和认可自己。

心理学家还发现，在子女众多的家庭里，那些善于撒娇或者体弱多病的孩子更容易吸引父母的关注，而相对健康和正常的孩子则会受到忽视。在这种情况下，始终被忽视的孩子早晚会意识到"会哭的孩子有奶吃"，因而会突然爆发，也以各种极端的方式吸引父母的关注。在如愿以偿之后，他们的求关注模式就会得到强化，这使他们更频繁地使用这些方式与其他的兄弟姐妹"抢夺"父母。此外，在同一个家庭里生活，如果有家人是边缘型人格者，那么其他人就会受到影响，比常人有更大的概率形成边缘型人格。人是环境动物，很容易受到环境影响。在环境中，不管是客观存在的事物，还是人，都会影响他人。

非黑即白、非对即错的世界

边缘型人格者的思维模式是极端的，面对一件事情，他们会做出非对即错的判断，而很少能够理性地思考出更周全的答案。与此同时，他们非常固执，坚信自己是正确的，而从来不愿意进行自我反省。每当身边有人要求他们或者引导他们自我反省时，他们总是会马上爆发出愤怒，还会因此敌视对方。

例如，在心理诊室中，面对绝大多数来访者，心理医生都会先让他们完成心理测试问卷。大多数人都会配合医生，认真填写，但是边缘型人格者看到问卷上有"你认为自己是一个怎样的人"的题目时，马上就会勃然大怒，认为这样的题目毫无意义，甚至指责心理医生是在故意刁难他们。那么，他们为什么会感到愤怒呢？因为他们没有如同预期那样当即得到心理医生的重视和关注，而感觉心理医生疏离他们，也根本不关心他们，甚至认为心理医生不想接待他们。在这些想法的作用下，他们就会爆发愤怒，失去理智地说出一些尖酸刻薄的话，质问他们所面对的人。

曾经有一部电影，名字叫作《我是谁》。"我是谁"这个问题听起来很简单，实际上足以难住边缘型人格者。对于这个问题，当处于良好的情绪状态时，边缘型人格者会兴高采烈地说出自己的很多优点；当处于糟糕的情绪状态时，他们又会垂头丧气地否定自己。如果把他们的情绪比喻成小麦秸秆，就会发现他们的情绪爆发点和小麦秸秆的燃点一样很低，只要小小的火星就能将其点燃。例如，大多数边缘型人格者不能经受哪怕只是小小的刺激，否则就会勃然大怒，也会因为他人一句无心的话就长久地陷入悲观的情绪中，觉得内心空虚。与此同时，他们害怕被抛弃，始终心怀恐惧，忐忑不安。

对于边缘型人格者而言，想要维持良好而又稳定的人际关系是很难的。前一刻，他们还在为认识你而感谢命运，后一刻，他们就会因为你犯了小小的错误而恨不得从未认识你。在他们的眼中，人只有两种，即好人和坏人。

在最初与人相处时，边缘型人格者总是把他人想象得过于美好，也过于理想化。随着交往的推进，他们渐渐地发现了他人的缺点和不足，就会对他人感到不满，也因此感到痛苦，甚至是绝望。正因如此，边缘型人格者才很难始终与他人交好，他们的人际关系发展轨迹就像一条高耸的抛物线，从一开始就迅速升温直到亲密无间，而很快又迅速降温形同陌路，甚至还会心生嫌隙。

在电影《危情十日》中，畅销书作家保罗花费了很长时间依然没有完成系列小说之一《斯米莉》。他越来越厌烦，因而加快速度，一完成《斯米莉》，就驾驶汽车赶去纽约交稿。当时正在下雪，他发生了车祸，等到醒来时发现自己的腿部严重骨折，必须卧床静养。当时，大雪封山，他只能留在救他的安妮家里休养。安妮曾经是一名护士，她照顾保罗得心应手，无微不至。为了感谢安妮，保罗把《斯米莉》给安妮先睹为快。

半夜时分，保罗被安妮的怒吼声吵醒。原来，当看到书中斯米莉"死了"，安妮压根无法接受，甚至把这种因为斯米莉死去而产生的分离焦虑和愤怒情绪发泄在保罗身上，她开始仇恨保罗。

可见，安妮是典型的边缘型人格者。她明明知道自己正在阅读小说，而小说里的故事情节和人物都是虚构的，却不能接受女主角斯米莉死去。为此，她迁怒于创作这本书的保罗。这是因为安妮的思维是极端的，非黑即白。在这种极端思维的驱使下，安妮不但把保罗囚禁在一个房间里改写《斯米莉》的结局，还强制保罗焚烧了此前不令她满意的书稿。安妮的做法听起来匪夷所思，但是对典型的边缘型人格者而言，这样的举动尽管疯狂，却符合他们的思维逻辑。

《危情十日》是根据斯蒂芬·金的同名小说改编的电影。斯蒂芬·金之所以创造这部小说，恰恰是因为很多老粉丝抱怨他的写作风格改变了。为此，他写了这部作品，算是对老粉丝的回应。其实，世界并不总是非黑即白、非对即错的，而有很多模糊的灰色地带。作为一个成熟的人要始终坚持理性思维，才能在对与错之间找到更合适的答案，也才能在黑与白之间找到更完美的灰色。对边缘型人格者而言，只有彻底摆脱极端思维的束缚，才能渐渐地改变边缘的特质，也不再那么固执和强求。

自我毁灭与救赎

在正常的依恋关系中，依恋者会感到很安全，但是对边缘型人格者而言，他们既依恋他人，又感受到强烈不安。这是因为他们害怕被抛弃，又因为不具备反省能力，所以无法准确辨识自己和他人的各种行为。被抛弃的恐惧感一直困扰着他们，让他们寝食难安，焦虑不堪。面对想离开他们的人，或者只是被他们想象成要离开他们的人，他们不惜伤害自己，试图以惨烈的方式留下对方。即使对方真的留下了，他们也提心吊胆，生怕自己一旦哪里做错了，对方又会离开。毫无疑问，那些试图离开的人只是因为被胁迫才暂时留下。俗话说，留得住他的人，留不住他的心。尤其是在爱情中，当对方不再爱了，想要离开了，哪怕边缘型人格者以死相逼，对方也只会暂时留下，而心早就走远了。等到边缘型人格者从冲动疯狂的状态中恢复冷静，不再做出自虐、自残甚至是自杀的举动，对方依然会尝试着离开。得知对方不是真心想要留下，不是持续认同自己，边缘型人格者会惴惴不安，只能故技重施再次给对方施加压力，让对方动恻隐之心，不忍离开。日久天长，试图离开者必然意识到边缘型人格者是在表演，唯一的目的就是吸引关注，博取同情，获得怜悯。

对边缘型人格者而言，如果他们还糅合了表演型人格的特点，就会更加明显地表现出自杀、自残和自虐的倾向。但是不要认为他们真的如同表演型人格者一样是在表演，要时刻记住他们同时也是边缘型人格者，所以他们的自杀、自残和自虐行为并非纯粹是在表演。一旦误解了边缘型人格者的真实意图，将会忽视他们真实且强烈的自我灭亡冲动，导致不可挽回的严重后果。

对边缘型人格者，可以如同父母一样和善坚定地对待他们。具体而言，就是坚定地对待他们，而不含有敌意；深情地关爱他们，而不含有诱惑的意味。唯有和善坚定地引导和帮助他们，他们才能处理好情绪问题，尽量消除恐慌、抑郁等负面情绪。

有些边缘型人格者陷入了情绪的泥沼无法自拔，由此引发了心理异常、行为异常和精神状态异常。例如，他们会滥用药物、依赖药物，还会出现进食障碍等情况。对他们而言，自残行为是很严重的，不可遏制的自杀念头还有可能夺走他们的宝贵生命。如果发现边缘型人格者自杀未遂，一定要抓住这个契机让他们接受专业治疗。注意，边缘型人格者表现出来的各种心理状态不单纯是心理问题或者情绪问题，也可能有实质性的生理表现。现代医学越来越发达，及时地接受药物治疗和心理疏导都是极其有效的。

第四章

强迫型人格

强迫指的是宁愿牺牲开放性、灵活性和效率，也要追求计划、秩序、细节等方面尽善尽美的思维和行为模式。在职场上，很多行业精英都受益于适度的强迫，如编辑、会计、律师等从业者，都很追求完美，所以在工作上的表现出类拔萃。然而，一旦过于追求完美，强迫就会产生焦虑，延迟完成任务，过于执着于形式和理性，这是强迫不容忽视的缺点。古人云，"君子不器"，意思就是不要过于拘泥手段，而忽略了隐藏在手段背后的目的。

强迫型人格的特点

现实生活中，很多人都是强迫型人格，他们最大的特点就是关注细节，追求细节完美，使原本可以尽早完成的工作延误、耽搁，导致工作效率低下。在生活和工作的过程中，他们往往会犯舍本逐末的错误。如果说对待很多事情都要抓住主要矛盾，解决主要矛盾，那么强迫型人格者则会过于纠缠细节，追求细枝末节的完美，最终反而遗忘了事情的关键之处。此外，很多强迫型人格者还是工作狂，他们总是沉迷于工作，追求更好的业绩，追求更好的工作表现，彻底放弃了娱乐和休闲活动，也不再注重社交，忽略了工作是生活的一种手段，是实现美好生活的必经途径。最终，他们成了职场上的孤独者，总是独来独往，乏味无趣。

很多强迫型人格者都会犯杞人忧天的错误，他们过于看重道德伦理等，严格约束自己，导致自己做人做事都缺乏灵活性，死板教条，僵硬迂腐。很多情况下，他们为了避免自己犯错,或者为了避免自己懒惰,会一直坚定立场,坚持以高标准严要求对待自己,把自己的神经绷得太紧,由此引发各种心理问题。在强迫型人格者的心目中,自己绝对不能犯任何错误,而如果一不小心犯了错误,就必须接受严厉的批评和惩罚。为此,他们哪怕是团队里的领导者,也不放心把一些事情交给其他人去完成,除非他们特别信任对方,也确定对方会按照他们的为人方式达到他们满意的结果。长此以往,强迫型人格者就会特别疲惫,出现拖延行为,还会被焦虑侵袭,患上不同程度的焦虑症。

这天傍晚,小雅正在写作业,妈妈无意间发现小雅的作业本很薄,打开一看,作业本只剩下几页纸了。妈妈不由得感到纳闷,问小雅:"小雅,你的作业本怎么就剩下这么几页了?是老师让撕掉的,还是你自己撕掉的?"小雅的眼神躲躲闪闪,支支吾吾地没有明确回答妈妈。妈妈看到小雅害怕的模样就没有继续追问,她决定次日问问老师。

第二天,妈妈抽空给老师打了电话,询问老师有没有发现小雅的作业本很薄,页码很少。老师告诉小雅妈妈:"的确,最近我也发现孩子的作业本都快被撕光了,我之前还以为是你们父母觉得孩子写得不好撕掉的呢,我这几天也正准备联系你问问情况。"最终，老师和小雅妈妈得出了结论：作业本是小雅自己撕掉了几页。小雅为何撕掉作业本呢？在老师的建议下，小雅妈妈没有批评小雅，而是默默地观察小雅学习和写作业的状态。果不其然，正如老师说的，小雅对自己完成作业的要求很高，一旦看到有哪个字写得不好，或者有了擦痕，她就会撕掉那一页作业。这直接导致小雅要到很晚才能完成作业，如果接连撕掉好几页作业，她还会偷偷地掉眼泪。妈妈温和耐心地告诉小雅，写作业的过程中出现错误是正常的，但小雅就是不愿意原谅自己，还指责自己很粗心、很笨。妈妈意识到小雅出现了强迫型人格的倾向，特意与老师沟通，希望老师能够降低对小雅的要求，这样才能帮助小雅。后来，在妈妈和老师的一起努力下，小雅终于不再吹毛求疵了。

强迫型人格者除了追求完美外，还会固执地做自己想做的事情。他们拥有特别强烈的渴望，不愿意放过自己。当自己的行为表现和取得的结果不能让自己满意时，他们轻则对自己感到失望，重则情绪崩溃，甚至对自己做出过激的举动，所以不要忽视那些刚刚露出端倪的强迫症状，因为如果对其放任不管，强迫型人格的倾向就会越来越明显，越来越严重。

如果说偏执型人格者想要强迫和控制他人,那么强迫型人格者更多是在与自己较劲,是在逼迫和强求自己。当有一天终于能与自己和解,强迫型人格者将会获得快乐。

极度渴望父母的肯定

强迫型人格是如何形成的呢？心理学家经过研究发现，有些人之所以形成强迫型人格，与父母的养育方式密切相关。近些年来，越来越多的人开始关注和研究原生家庭，最终发现成人内心的很多创伤与阴影，都与在原生家庭里的成长经历有关。正如人们常说的，不幸的人穷尽一生也未必能够治愈童年，而幸福的人则用童年治愈一生。有些父母在孩子还小的时候就以高标准严要求对待他们，约束他们的行为，规范他们的习惯。日久天长，孩子受到父母潜移默化的影响，对自己的要求也会越来越高，越来越苛刻。尤其是当父母赏罚过于严格时，每当孩子做出符合他们预期的行为，他们就会大力奖赏；反之，如果孩子的行为举止不能让他们满意，就会受到他们的反对，甚至严厉指责和批评。在这样的管教模式下长大，孩子很容易形成强迫型人格。

为了得到父母的认可、表扬和奖赏，孩子就会以父母的标准要求自己,也会强制自己必须成为父母期望的样子。渐渐地,孩子会失去自我,不管做什么事情都没有内部动机,而只是出于获得父母认可的外部动机。他们极度渴望得到父母的肯定,极度恐惧被父母否定和批评。

《昨日重现》是一首特别经典的歌曲,当熟悉的旋律响起,很多人瞬间就仿佛回到了美好的昨日。很少有人知道的是,演唱这首歌的卡伦·卡朋特是典型的强迫型人格者。

1950年,卡伦·卡朋特出生于美国康涅狄格州。她还有个哥哥,叫理查德,比她大四岁。从小,卡伦就喜欢与哥哥一起唱歌,他们还组成了一支乐队。他们配合得很好,哥哥负责创作旋律,卡伦负责唱歌。不过哥哥是个不折不扣的暴君,他对卡伦的要求很高。在哥哥的影响下,卡伦对自己的要求也越来越高,所以每天她都花费大量时间在录音棚里唱歌。这对兄妹组成的乐队很成功,很多人喜欢他们的歌曲,也很崇拜他们。

妈妈也变成了他们的粉丝,不过,妈妈更喜欢哥哥理查德,而认为妹妹卡伦都是在哥哥的帮助下才能勉强完成唱歌的任务。基于这样的心理,妈妈常常慷慨地赞美哥哥,而对妹妹卡伦则吝啬赞美。

渐渐地，卡伦越来越自卑，形成了强迫型人格。其实，这不仅是因为乐队，还因为她从很小的时候，就被他人嘲笑肥胖，还被哥哥称为"胖妮"。对于卡伦的肥胖，妈妈则彻底绝望，公然宣判卡伦永远不可能瘦身成功。实际上，卡伦非常优秀，她品德高尚，歌声优美。然而，不管多么努力，她始终都不能得到妈妈的慷慨赞美。这是导致卡伦形成强迫型人格的主要原因。

一直以来，卡伦都严于律己，从不沾染毒品，从不抽烟喝酒。在当时的娱乐圈里，像卡伦这样洁身自好的女孩少之又少。其实，这一切都是强迫型人格的表现。她努力表现好以期望得到妈妈的肯定，她遵守社会规则以期望得到外界的认同。二十岁那年，卡伦凭着一首歌走红，但她依然对自己感到很不满意。二十九岁时，卡伦离开乐队，开始独自工作。她原本想要改变自己，却淹没在对她体形的批评声中。一年之后，她仓促地与一个认识不久的商人结了婚，这个商人曾经结过婚。卡伦对婚姻有着美好的憧憬与渴望，只可惜她没有处理好与丈夫的关系，也没有经营好婚姻。在事业持续发展、不断攀升的过程中，她的强迫行为却越来越明显，也日益严重。她终于瘦身成功，但是，她一点儿也不快乐。在一生之中，卡伦最在乎自己的声音，也最看重妈妈的肯定。但是，妈妈只喜欢哥哥的声音，也只愿意肯定哥哥。因此，卡伦把所有的关注点都集中于体重，她开始致力于减重、瘦身。最终，卡伦因为心脏衰竭，离开了这个她无比眷恋的世界。

显而易见，卡伦是典型的强迫型人格者。她渴望得到家人的肯定，却始终没有被满足，因而只能在自己可以掌控的领域中实现梦想，那就是减重。古今中外，很多伟大的人都是强迫型人格者。有些人患上了厌食症，看到一切食物都毫无食欲；有些人患上了贪食症，总是不停地吃各种东西。其实苹果手机的创始人乔布斯也是强迫型人格障碍者，他的饮食极其不规律，而且表现出厌食的症状。这是因为乔布斯是被领养的，虽然养父母对他非常好，但被亲生父母遗弃、被养父母领养这件事情本身，已经给他留下了严重的心理创伤。

随着医美行业的蓬勃发展，越来越多的女性出现了强迫性整容的表现。她们不是看自己的鼻子不顺眼，就是讨厌自己的嘴巴，或者不喜欢自己的眼睛，甚至认为自己的颧骨长得很不美观。总之，她们对自己的长相不满意，因而采取整容的方式获得尽量完美的容貌。在一次次整容之后，她们非但没有对自己的容貌感到满意，反而越来越频繁地整容，这就是强迫性整容行为。

  每个人都要坦然地面对自己，喜悦地接纳自己。如果连自己都排斥、厌恶和反感自己，又如何能够身心健康地成长呢？正如乔布斯所说的，他用尽一生去努力，只想让他的生母后悔曾经遗弃了他。在养育孩子的过程中，父母既不要对孩子过于苛求，也不要对孩子过于放任，唯有宽严适度的爱才能为孩子营造良好的成长环境，也让孩子形成健康的身心。对成年人而言，如果觉察到自己有强迫型人格倾向或者表现，就要学会与自己和解，也以更大的宽容对待自己。

强烈的内在冲突

在某种动机的驱使下,强迫型人格者会重复一些明知有害或者明知不必的行为。例如,他们想要追求完美,或者想要获得控制权,都是受到相应动机的驱动。在婚姻生活中,很多夫妻之所以关系破裂,选择离婚,不是因为一方婚内出轨,也不是因为经济问题,而是因为彼此之间不能很好地磨合,也无法做到理解和包容。

不管在什么类型的人际关系中,强迫性行为都是非常糟糕的。很多强迫型人格者不但强求自己,而且强求他人坚持高标准严要求。一旦他人违反了他们的规定,他们就会无法忍受,甚至不能心平气和地面对和沟通。有些强迫型人格很自不量力,明知道自己年纪大了不能剧烈运动,为了保持良好的身材,他们依然疯狂跑步;明知道自己需要增强营养,多多补充蛋白质和碳水化合物,他们依然坚持白水煮青菜,坚决不吃任何肉类和淀粉类食物。他们吹毛求疵,对自己和他人都是如此；他们看重细节，一旦发现某个细节不够完美，心里就会长出一根刺来，使自己无法保持平静。

在很多苹果手机爱好者的心目中，乔布斯是很强大的。然而，乔布斯吹毛求疵，有着强烈的内在冲突，这使他的内心充满痛苦。例如，他曾经用了数年改造家里的厨房。在女友布伦南生下他的女儿后，他坚决不允许把女儿送人，却对外宣称自己不孕不育，拒绝承认自己是孩子的父亲，也不愿意付给布伦南和女儿抚养费。最终，布伦南只能独自带着女儿艰难地生活。虽然乔布斯不允许布伦南如同他的亲生父母遗弃他那样遗弃他们的女儿，但是他拒绝承认自己是孩子的父亲，拒绝承担起抚养孩子的责任，又何尝不是一种遗弃呢？

后来，乔布斯患上胰腺癌，即将去世，浑身都散发出难闻的味道。女儿每次去看望乔布斯都要朝着自己狂喷香水，以掩盖乔布斯身上的味道。但是，乔布斯却说女儿的味道闻起来和厕所的味道一样。可见，哪怕生命即将抵达终点，强迫型人格者也不会有丝毫改变。

精神分析学的创始人弗洛伊德认为，强迫型人格者坚持亲力亲为地做好每一件事情，坚持计较小小的细节，坚持勤俭节约，实际上是为了掩饰他们的责任心缺乏、行为放荡。在青年时期，乔布斯很长时间都不洗澡，但是在工作的过程中，却对环境的整洁有着近乎苛刻的要求。他之所以拒绝承认女儿，也许是因为他发自内心地瞧不上布伦南，或者是因为他压根不想要这个女儿。真实的原因，也许只有乔布斯自己知道。

对于自己内心的强烈冲突，强迫型人格者未必完全了解。但是，他们的行为出卖了他们，使人们很容易就能得出结论，坚信他们是强迫型人格者。通常情况下，他们既显得严格自律，又会放荡不羁，放纵自己；他们既显得积极主动，又会故意拖延和怠慢；他们看起来很遵守秩序，也能建立与维护秩序，但是他们的内心却是混乱的；他们看似节俭，其实铺张浪费。在这样的矛盾与挣扎中，强迫型人格者的内心充满了痛苦和不安。不管做什么事情，也不管处于人生中怎样的时刻，他们都小心翼翼，如履薄冰。为了万无一失，他们会事先做好计划，从容规划，然而很快又担心在做事情的过程中可能节外生枝，使结果出乎意料。他们的精神始终处于紧张状态，无法得到真正的放松，所以他们本人也很难呈现出松弛的状态，一直在与自己和他人较劲，也在与整个世界较劲。

强迫型人格者尽管刻板自律，拥有稳定的工作和生活，却因为缺乏灵活性和创造性，而做事按部就班。在人际交往中，他们总是一板一眼,很难拥有真心相待的朋友。总体来说,强迫型人格者的人生是乏味的,往往不够精彩,也不会令自己和他人怦然心动。

强迫型人格未必有强迫症

对强迫型人格,很多人都怀有误解,认为强迫型人格等同于强迫症。其实,强迫型人格和强迫症是完全不同的。对于强迫型人格,美国国立卫生研究院将其定义为健康的精神状态。当处于这种精神状态下,人会更加专注于各种各样的秩序、法则和控制。大多数强迫型人格者都追求完美,是极其具有代表性的完美主义者。此外,他们并未患上强迫症。例如,乔布斯虽然是强迫型人格者,但他可没有强迫症,否则他根本无法经营和管理苹果这样的大规模企业,且获得极大成功。根据很多流行病学研究的结果可知,绝大多数强迫型人格者不曾患上强迫症,同样,绝大多数强迫症患者也不属于强迫型人格者。

如果说强迫型人格者的典型表现是追求完美,往往能够起到好的作用,那么强迫症患者的典型表现则更多,如强迫检查、强迫清洁、强迫整理、强迫进食等,常常会起到坏的作用。有些症状严重的强迫症患者甚至每天都要花费大量的时间洗手，导致身体不能维持正常的机能，也极大程度地降低了生活的质量，这显然是极其可怕的。看到这里，也许有人会问："我每天都要洗手十几次，吃饭之后洗手，如厕之后洗手，碰到认为不干净的东西也要洗手，这算是强迫症吗？"其实，强迫症是有标准的。例如，当一个人每天都要花费超过一小时做强迫性行为，或者做仪式性而毫无实际用处的行为，那么就可以将其诊断为强迫症。与真正的强迫症相比，强迫型人格者并不会影响自身的身体机能，而只是坚信自己的思维方式是正确的，不容置疑。

在很多企业内部，为了追求绩效，往往会对员工进行管理和控制。仅从表面看，管理和控制都离不开强迫，正是强迫使人们在高度理性的驱使下实现奔跑模式。然而，人们跑累了总要停下来休息，比如每天都要吃饭、睡觉、休闲、娱乐，每周都要休息一两天。如果一直保持高速奔跑状态而无法停下，甚至明知道自己应该停下却无法掌控自己的思想和行为，那么强迫就会发展成为一种障碍。职场上，很多人被称为"工作狂"，其中大多数人只是特别勤奋和努力，而非真的患上了工作强迫症。也有极少数人出现了心理障碍，对待工作欲罢不能，这也许意味着出现了强迫型人格的倾向。

从辩证唯物主义的角度看，强迫型人格的行为既有好处，也有坏处。例如，当一个人很喜欢在适度强迫的状态下专注地做某些事情，且能够自如地在强迫和放松的状态下切换，那么强迫表现就不会困扰他们。反之，他们就会深受其害。需要注意的是，判断一种强迫行为是否会给人带来困扰，造成障碍，不是以结果的好坏为标准的，而是依据产生行为的内部驱动力进行判断。

姜杰才刚刚到了而立之年，就考取了注册会计师证，成了注册会计师。在很多人的眼中，他是非常优秀的青年才俊。然而，他对自己却不甚满意，有一段时间还严重焦虑，只得寻求心理咨询师的帮助。

原来，姜杰是家中的独子，很小就被父母寄予殷切的期望，这直接导致他的自我期望也很高。为此，无论是对学习，还是对工作，他都始终鞭策和激励自己一定要全力以赴，成为父母的骄傲。如此优秀的姜杰很快就与心爱的女孩步入了婚姻的殿堂，有了幸福美满的家庭，不久之后还迎来了新生命。这使他陷入了两难的选择中：一方面，他想全力以赴投入工作，在工作上更上层楼；另一方面，他很清楚孩子的成长过程是不可逆的，他不想错过陪伴孩子成长的时光。如何才能在工作与陪伴孩子之间达到完美的平衡，他为此焦虑不安。在心理咨询师的帮助下，他列举出很多对自己至关重要的事情，但是不知道该如何对这些事情进行排序。

他请求心理咨询师帮助他排序，心理咨询师却斩钉截铁地拒绝了，并且告诉他："你必须给这张清单'瘦身'，否则就算你是孙悟空，能七十二变，也不可能做到面面俱到，且面面完美。"心理咨询师一针见血地指出问题所在，对姜杰而言这可是个难题。最终，他不得不改变人生信条，调整人生方向，也告诉自己不可能事事完美，才终于从清单里删除了一些项目。至此，他感到轻松多了。

在漫长的生命旅程中，人不可能始终保持紧绷的状态，也不可能始终全力奔跑。只有做到张弛有度，才能调整好状态，应对人生中的各种际遇。正如自然界中的规律——善于滑翔的鸟才能飞得更远一样，每个人都要学着理解自己，与自己对话，首先要成为"自然"的人，才能成为社会的人。

每当我们内心焦虑、状态失衡时，无须感到紧张，只需要让自己放松,然后等待糟糕的状态消失。有的时候,偶尔的失衡与紧张、突如其来的崩溃和绝望,反而能够警示我们及时调整身心状态,从而使身心始终保持健康。

第四章　强迫型人格

令人备感痛苦的患得患失

在远古时代，人类的祖先依靠狩猎维持生存，强迫型人格者并不占优势。然而，在学会了种植各种庄稼作物之后，强迫型人格者的优势就日渐显现。他们做事情极其认真，近乎固执，因而会在田地里精耕细作，按照天时和节气侍弄土地。因此，他们成了种地小能手，使土地实现了高产量。在进入工业时代之后，强迫型人格者更是充分发挥优势，在很多行业里都表现突出。

很多人都喜欢福尔摩斯，从心理学的角度观察福尔摩斯，就会发现他是典型的强迫型人格者。例如，他很喜欢观察细节，也很喜欢分类；他表现得有些冷漠，仿佛对任何事情都无动于衷；他还总是喜欢穿相同的衣服。这些都是强迫型人格者的特点。

在如今的社会生活中，分工越来越细致，合作越来越密切。不管是做一餐色香味俱全的美食，还是建造一座高楼大厦,都需要适度强迫,才能完成得尽善尽美。尤其是工业生产的效率化、标准化和产业化要求,更是需要严格的制度和精细的流程与之相适应。在面对工作、发展事业的过程中,强迫型人格者如果能够适度控制自己追求完美的执念,就能充分发挥自身的优势,成为行业内的翘楚。

在职场上,很多工作狂都是强迫型人格者。不管是对待生活,还是对待工作,他们都充满自我强迫,总是想方设法地压迫自己,榨干自己的每一分钟和所有精力。很多人喜欢用雅诗兰黛化妆品,却不知道雅诗兰黛的创始人雅诗·兰黛女士是个典型的女强人,也是个不折不扣的工作狂。创业阶段,她扔下两个年幼的儿子,乘坐火车到全国各地推销产品。她一走就是大半年,尽管思念儿子,却认为事业更重要。这是强迫型人格者的典型表现。对他们而言,所有时间都是用来工作的,一旦平白无故地浪费时间,他们就会产生强烈的负罪感。为此,哪怕休息,他们也会选择能够给自己充电的项目,如阅读、参加培训班、与朋友在一起交流各种观点等。他们还很节俭,坚持把所有的钱都花在刀刃上,绝不允许浪费。他们强制自己必须储蓄,积累更多金钱,以备不时之需。因此,当进行奢侈的消费时,他们会感到很不安,当他们无法逃避奢侈消费时，就会惶恐地指责自己浪费金钱，无法专心享受购买的产品或者服务。由此一来，他们患得患失，非常焦虑。

心理学家经过研究发现，在计算机领域中，强迫型人格者的表现非常突出。一些计算机公司发现了这一点，因而在招聘时会尤其关注强迫型人格者。除此之外，在体育领域中，强迫型人格者的表现也很突出，他们尤其擅长高尔夫球和棒球运动。因为这两项运动要求无数次重复相同的动作，以期精益求精，这正符合强迫型人格者的特征。

强迫型人格者是极其自律的，他们很少像偏执型人格者那样让情绪起起伏伏。他们善于控制情绪，意志力坚强，是值得信任的。此外，他们还很有礼貌，会给人留下彬彬有礼的好印象。在社会生活中，强迫型人格者的表现很受欢迎，这也使得越来越多的人表现出强迫型人格的倾向。

然而，强迫型人格者也是有劣势的。例如，他们过于追求完美，过分强调秩序，这使他们缺乏创新性和灵活性，也不能以开放包容的心态接纳和面对新生事物。正是因为这些特征，他们并不能胜任所有的工作，在有些行业中，强迫型人格者的表现堪忧。此外，强迫型人格者也不擅长人际交往，所以缺乏社交资源。为此，他们会有意识地避免从事那些高度社会化的工作。相比起与人打交道，他们更愿意留在实验室里做实验，或者面对电脑研发程序，或者与数字打交道，或者创作推理小说等。总之，当强迫型人格者机缘巧合地担任人力资源总监或者是办公室主任，往往会开启一个"灾难"。

每个人都应该了解自己的人格类型，这样不但有助于了解自己，也能帮助自己选择合适的职业，可谓有益无害。正如一位名人所说，每个人最熟悉的陌生人就是自己。要想拥有美好的人生，就要从了解自己的人格做起！

第五章

表演型人格

顾名思义，表演型人格者很喜欢以各种方式吸引他人的注意。表演型人格者以女性居多。他们把整个世界都视为舞台，而把自己视为正站在舞台中间，在聚光灯下绽放的明星，沉浸在自己的剧本里，随时随地都在"演戏"。如果一定要以一个字形容表演型人格，那就是"演"。

表演型人格的特点

在人际交往中,表演型人格者很注重自己的外表,也会刻意地做出一些行为,这是因为他们很想吸引别人的关注,也误以为自己已经成了众人瞩目的焦点。表演型人格者很善于伪装自己,他们会假装聪明乖巧,甚至以伪装的方式打造个人魅力,给他人留下良好的印象。然而,他们这么做只是为了自己的利益,或者满足自己的虚荣心。从真心的角度说,他们从来不顾及他人的利益,而是以自我为中心。在短暂的相处中,我们也许无法辨识表演型人格者的虚情假意,但随着交往的时间越来越长,表演型人格者无法继续掩饰自己,就会渐渐地被人识破真面目。

毋庸置疑,表演型人格者特别擅长表演,也喜欢以表演的方式哄骗甚至胁迫他人。每当这种表演起到了预期的作用,他们更是会变本加厉,频繁使用相同的计谋。极端的表演型人格者还会采取一些极端的手段,例如,以试图自杀或者真正自杀的方式威胁他人。显而易见，后者是极其危险的，很有可能真的失去生命。

表演型人格者往往为了达到目的不择手段，而且会在得逞之后肆无忌惮地再次使用相同的手段。殊不知，生活中的很多事情是强求不来的，正如俗话所说，"强扭的瓜不甜"，强求的事情总是不能尽善尽美，完全如意。遗憾的是，表演型人格者往往不能领悟这个道理，而故技重施，以表演胁迫、哄骗他人。

表演型人格者的情感体验普遍比较肤浅，哪怕只是受到轻微刺激，他们也会做出激动的反应。仅从表面看，他们充满热情，但是他们的热情往往转瞬即逝，不够稳定。不可否认的是，他们的确天生就擅长表演，足以达到以假乱真的程度。和表演天赋同样突出的，是他们的语言才能。他们说起话来慷慨陈词，充满激情，哪怕是在撒谎，也让他人难辨真假。这是因为他们沉浸在表演中自我陶醉，甚至连自己都骗过了。然而，他们所说的话在细节方面是经不起推敲的，有些随意发挥的话甚至没有具体的细节可供考察和核实，所以人们只要略微留心，就能发现他们话中的破绽，识破他们的谎言。

表演型人格者不会长久地保持某一立场、观点或者态度，而是过于频繁地转变，在各种新的观念和潮流中穿行。他们总是以自我为中心，扮演成某个角色，打动他人。大多数表演型人格者最喜欢扮演被害者的角色，以博取他人的同情，还有些人喜欢扮演公主，假装得到了所有人的宠爱。

每年元旦，公司都会召开年会，既对上一年的工作做出总结，也对新的一年进行展望。在年会上，领导、优秀员工代表等相继发言之后，就到了娱乐环节。每年，公司的各个部门都要出至少一个节目，大多数人不想登台献丑，也有极少数人很想借此机会求得关注。今年，策划部可算不用为出节目而发愁了，因为刚刚入职的小张主动请缨，要独唱一曲。老员工们看到小张这么积极，全都如释重负。

小张第三个登台表演。他独唱了一首特别欢快的歌曲，原本，他只需要站在舞台中间唱完即可，但他真的很享受这个舞台，居然情不自禁地随着音乐的节拍唱跳起来。在得到大家礼貌性的掌声之后，他还搞怪地做了很多动作，挤眉弄眼，搔首弄姿。看到小张的表演，策划部主任忍不住笑着说："这个小张真是来错了部门，应该去宣传部才对。"周围的同事听到这句话也忍俊不禁，全都笑起来。经过这次年会，公司里各个部门的人都认识了小张，还给他起了个外号叫作"搞笑张"。

显然，小张就是表演型人格。在年会上，他为了求得关注，不惜扮丑逗笑。即使没有这样的机会，表演型人格者在日常工作中也会虚张声势，夸大其词，还有可能编造很多故事以让他人感到惊讶。总之，他们时时刻刻都把自己当成演员，也把周围的人当成观众。对他们而言，成为焦点是最好的选择。一旦被众人忽视，或者在哗众取宠之后没有如愿以偿地赢得关注，他们就会很难受。他们尤其喜欢得到赞赏，也会为了迎合他人而做出一些举动。有些时候，因为过于沉浸在表演中，他们甚至无法区分现实和幻想，也会出于某些目的把编造的谎言当真。看来，表演型人格者既骗了别人，也骗了自己；既愿意当演员，还愿意当自己的观众，自导自演，自我欣赏。

无法掩饰的表演天性

表演型人格者天生擅长表演，他们总是抓住各种机会，采取各种方式，努力表现自己，让自己看上去富有魅力，从而成功吸引他人的关注，赢得他人的认可和肯定。

很多人喜欢看金庸的武侠小说，尤其喜欢其中的经典人物。在金庸笔下，那些人物个性鲜明，人格特征明显，非常鲜活。在《天龙八部》这部作品中，康敏这个人物给读者们留下了深刻的印象，因为她真的太能"作"了。实际上，康敏很缺乏安全感，自尊心也特别强烈，她的所作所为只是为了赢得他人的认可。在与丐帮副帮主马大元结婚时，康敏表现得非常冷漠，这也许反而是她的真实状态。很多表演型人格者性心理发育不成熟，因而会表现出性冷淡，或者是对性过于敏感。在金庸笔下，康敏的表现符合表演型人格者的这个特点。

在表演型人格者群体中，女性所占的比例更高。有的时候，她们会在无意识状态下表现出娇羞的模样，使身边的人对她们产生好感，但她们自己对此毫不知情。作为马大元的遗孀，康敏与很多男人都有不清不楚的暧昧关系，她真正喜欢的人却是乔峰。然而，乔峰是真英雄，面对美若桃花、性感迷人的康敏，他从未像其他男人那样无法自控，而是始终保持高度自律，最终拒绝了康敏的诱惑。也正是因为没有得到乔峰，康敏对乔峰由爱生恨，得不到就要毁灭，最终陷害乔峰，还联合丐帮其他帮主把乔峰赶出了丐帮。

对表演型人格者而言，他们无法掩饰自己的表演天性，因而会自然而然地做出一些充满诱惑力的行为和举动。作为女性表演型人格者，当在不自觉的状态下做出某些举动诱惑他人时，很容易被他人误解为勾引行为。这个时候，如果被诱惑的男性直接询问她们"你是在勾引我吗"，她们一定会大吃一惊，也会感到特别尴尬和难堪。当意识到自己拥有表演型人格时，女性一定要有意识地约束自己的行为，而不要给他人留下不好的印象，更不要招致他人的非分之想。

和女性表演型人格者截然不同，男性表演型人格者则很自信地使出浑身解数进行表演。即使只是在日常生活的场合里，他们也会如同置身于聚光灯之下般举手投足。不可否认的是，在表演的前提下，这些男性的确散发着独特的魅力，很容易打动女性的心。如果他们还很擅长说甜言蜜语，就会俘获无数芳心。无疑，在情场上，男性表演型人格者是很受欢迎的，也会得到女性的青睐。

大学刚毕业，思雨进入一家科技公司当前台秘书。她形象好气质佳，说话温柔动听，很快，公司里就有男同事对她表示好感。偏偏思雨有些迟钝，认为男同事照顾女同事是很正常的。当男同事主动买来咖啡送给她喝时，她满脸娇羞地表示感谢；当男同事提出送她去地铁站时，她称赞对方是绅士；当男同事约她一起吃饭时，她更是表现得娇滴滴的，说自己刚做的指甲不能扒虾壳，还说自己必须吃银耳羹美容养颜……在思雨的万般风情之下，男同事误以为思雨也喜欢他，有一天，他居然对思雨表白了。

思雨一头雾水地拒绝了对方。男同事质问思雨："如果你对我没意思，为何要接受我的好意呢？"思雨疑惑地问："我们就是正常的同事交往啊，我大学期间就有男朋友了，不可能再和你发展恋爱关系了。"男同事尴尬极了。

在这个事例中，思雨就是典型的表演型人格者。她没有把握好与男同事相处的分寸，对于男同事的好意和照顾，她悉数接受。正是因为如此，男同事才会觉得思雨对他也有好感。相信在经历了这次尴尬的误解事件之后,思雨会注意与男同事保持适度的距离。

有的时候,适度的表演的确能够起到助力作用,但是,如果表演过度,引起他人的误解,就会导致尴尬的发生。作为表演型人格者,要学会把握分寸;当面对表演型人格者时,我们则要辨识对方的真心假意,洞察对方的真实目的。

表演失败，情绪彻底癫狂

在自恋型人格者眼中，世界就像一面巨大无比的镜子；在表演型人格者眼中，世界则像一个巨大无比的舞台。这两种人格的某些特征交叉融合，因而呈现出一个共同点，即都很热切地渴望得到他人的认可、肯定、支持、关注和赞美。这样一来，同一个人身上就很有可能同时呈现出自恋型人格和表演型人格的特征。那么，自恋型人格和表演型人格之间有何区别呢？对自恋型人格者而言，获得优越感是最紧要的；对表演型人格者而言，获得关注度是最紧要的。当一个人的表演型人格没有得到升华，而他又强烈渴望获得关注时，他就会心甘情愿地扮演任何角色。

正如王尔德笔下的亨利勋爵所说的，在这个世界上，与被人议论纷纷相比，唯一更糟糕的事情就是不被议论。从这个意义上说，把表演型人格叫作"寻求关注型人格"是很贴切的。

对于表演型人格者，很多人的印象都特别糟糕，他们认为表演型人格者喜欢撒谎，而且对撒谎习以为常，把很多随意编造的事情都说得绘声绘色，活灵活现，完全可以以假乱真。很多情况下，表演型人格者之所以撒谎，并不是为了利益，而只是想吸引他人的关注。为此，他们宁愿扮演其他角色，或者做一些损害他人利益且对自己没有好处的事情。

结婚不久，娜娜就感到特别郁闷，这是因为她的新婚丈夫每天都忙于工作，完全忽略了她。她感到很寂寞，甚至怀疑自己的魅力。然而，不管她怎么暗示和明示，丈夫依然每天加班到深夜才回家。娜娜想了一个办法，那就是谎称自己被一个陌生男人跟踪并非礼了。不出娜娜所料，丈夫得知这件事情十分重视，当即决定报警处理。那个无辜的男人被警察询问很久，都不承认犯罪事实，警察也没有找到相关的证据，只好把那个男人放了。娜娜的丈夫还是不肯罢休，把那个男人告上了法庭。这件事情闹得沸沸扬扬，那个男人也因此身败名裂。然而，因为证据不足，所以法庭同样无法判定那个男人有罪。

若干年后，丈夫才从娜娜口中得知真相，那个男人的确是无辜的，也是被冤枉的，这一切只是因为娜娜想要吸引丈夫的关注而已。她想以这样的方式告诉丈夫，在其他男人的眼中，她是特别美丽的，也是特别有魅力的。丈夫不由得对那个男人感到抱歉。这个时候，经过漫长的相处，丈夫已经了解了娜娜撒谎成性的特点，对娜娜强烈渴望得到关注的人格特征也有所了解。他更加关注娜娜，生怕娜娜情急之下又做出疯狂的举动。

不得不说，娜娜的举动的确很疯狂，而且大有不计后果的架势。她不但栽赃陷害了一个无辜的陌生男性，还把自己置于尴尬的境地。如果丈夫对此非常介意，与她感情破裂，那么她面临的就不仅仅是被忽视，而是有可能被迫离婚。这么做无异于铤而走险，由此也可以看出表演型人格者为达目的多么不顾一切。

从娜娜身上，可以看到极端的表演型人格者是多么自私和阴暗。他们从此前的人生经历中得到很多错误的经验，因而不择手段地迷惑他人，一旦发现没有取得预期的效果，就会更加歇斯底里，不计后果地做出更多出格的举动，甚至还会伤害他人。在他们的心中，不管采取怎样的方式，只要能得到他人的呵护与关爱，就是成功的。为此，他们很喜欢无理取闹，也很享受通过无理取闹的方式达到目的。

现实生活中，极端表演型人格者是极其可怕的，也具有很大的危险性，我们一定要对其敬而远之。当意识到自己也有表演型人格倾向时，我们要有意识地控制自己的情绪，约束自己的行为，切勿让冲动战胜理智，更不要因为一时的欲望而利令智昏。

第五章 表演型人格

被戳穿的表演诡计

前段时间，网络上有一个短视频获得了很多关注。在这个视频里，一个老年妇女躺在地上撒泼打滚，痛苦哭喊。拍摄视频的是儿媳妇，配文说她的婆婆因为一点小事情就这样歇斯底里。可以想象，当婆婆第一次做出这样的疯狂举动时，儿媳妇也许会感到很惊慌害怕。然而，随着相处的时间越来越长，儿媳妇了解了婆婆的伎俩，也知道婆婆是想以这样的方式要挟他们，她才会如此淡定地拿起手机拍摄视频。相信在有了这次的经历之后，婆婆认识到她的伎俩失效了，未来也许就不会再这样歇斯底里了。

孩子在很小的时候就学会了察言观色，相比起孩子，成人察言观色的能力有过之而无不及。为此，表演型人格者在表演的同时还会审时度势，根据事情发展的形势调整策略，从容应对。当发现旁观者对自己无动于衷时，他们也就不会变本加厉了。反之，如果旁观者对他们的表演给出了符合他们预期的反应,那他们则会乐此不疲地故技重施。我们对身边的表演型人格者,以不变应万变,也许是最好的选择。最重要的在于断绝表演型人格者的非分之想,使他们认识到一味地表演,并不能起到良好的效果,也不可能达到预期的目的,他们自然就会偃旗息鼓。

在现实生活中,表演型人格者无处不在。有些人尽管不是真的有表演型人格,也会在必要的时候以表演的方式胁迫他人。例如,在商场里,孩子想买玩具,父母却不同意,那么孩子很有可能会哭闹不止,甚至躺在地上打滚。如果父母溺爱孩子,或者很爱面子,那么他们也许会当即答应孩子的请求,满足孩子的心愿。但是,对很多年轻父母而言,孩子这种一哭二闹的方式显然并不起作用。他们会面色平和地对孩子说:"好吧,那你就先躺在这里哭一会儿,想打滚也可以,这里的地面挺干净的。我就去那边的座椅上坐着等你,好吗?"在父母真的离开现场之后,孩子很有可能哭一会儿就偷瞄父母一眼,看到父母无动于衷,他们就继续哭一会儿。直到最后,孩子意识到父母有无限的耐心等着他们,而他们却已经哭累了,就会选择停止哭泣,乖乖地和父母回家。正是因为如此,很多人调侃"如今的父母特别难带"。

表演型人格者要把握好表演的度，也要控制表演的频率，虽然天生就擅长表演，但是要时刻牢记表演不能解决一切问题。只有审时度势，本着真诚友善的原则与人相处，也努力勤奋地提升自身的能力，才能增强自身的实力。

表演与防御

在表演型人格者中，男性所占比例较低，女性所占比例较高。但是，这并不意味着男性不会形成表演型人格。实际上，男性表演型人格者并不罕见。例如，弗洛伊德就有表演型人格，也曾经饱受心理问题的困扰。此外，好莱坞大名鼎鼎的演员马龙·白兰度也属于表演型人格。

1947年，年仅二十三岁的白兰度出演《欲望号街车》，凭着出色的演技把恶汉斯坦利的形象演活了，从而一夜成名，从默默无闻到声名显赫，也因此迎来了职业生涯发展的巅峰。

因为没有做好心理准备和心理建设，在爆红之后，白兰度陷入了抑郁症，他总是否定自己。为此，他不得不求助于心理医生。虽然在若干年中始终坚持接受心理医生的疏导和治疗，他却认为心理治疗没有任何作用。最终，已经年过不惑的白兰度终于找到了自己患上抑郁症的根源，那就是与母亲的关系。

原来，白兰度从小就长得很像父亲。他的父亲是一名推销员，长年累月地四处奔波，生性冷漠，虚伪自私，且极度自恋。为此，哪怕白兰度长得很像父亲，父亲也总是否定和打击他，还会鄙视他。毫无疑问，从父亲那里，白兰度从未得到认可与肯定。白兰度的母亲原本是一名演员，在结婚生子之后就成了家庭主妇。她有严重的酒精依赖，总是无法控制酒瘾，喝得烂醉如泥。每当看到母亲喝醉，父亲就殴打母亲。母亲呢，因为嗜酒如命，所以从来不关心年幼的白兰度。在这样的家庭里长大，白兰度总是想方设法地吸引母亲的关注，如做鬼脸，扮演各种好笑的角色，还会做出奇奇怪怪的动作。唯有此时，母亲才会留意到白兰度的存在，微笑着看向白兰度。

在父亲外出推销的日子里，母亲总是去小酒馆喝酒。年仅八岁的白兰度常常去酒馆里寻找母亲，还要负责把烂醉如泥的母亲带回家。就这样，在嗜酒如命的母亲的身边，在冷漠自私的父亲打击下，白兰度形成了表演型人格。在长大成人之后，白兰度特别厌恶母亲，母亲也同样厌恶白兰度。在著作《母亲教我的歌》中，白兰度说正是为了取悦母亲，他才练就了超强的模仿能力和出色演技，甚至连投身于演艺圈，也是为了迎合母亲。然而，在母亲离开纽约之后，他发现自己患上了抑郁症。

从白兰度的成长经历不难看出，在童年时期，如果孩子得不到该有的认可与关爱，就会盲目地模仿他人。为了保护自己，他们不得不学会察言观色，也会揣摩他人的心思，模仿他人的神情与动作。渐渐地，他们习惯于在他人的行为举止中寻找自己的影子，也学会了如何以高超的演技触动人心。

在精神分析领域，很多心理学家提出，孩子在三岁到六岁会进入俄狄浦斯期，也就是性心理发展的第三个阶段——性器期。简言之，在这个时期，女孩会更加依恋父亲，妒忌母亲；男孩会更加依恋母亲，妒忌父亲。只有顺利度过俄狄浦斯期，孩子们才能不再依赖父母，与其他异性之间建立亲密的关系。反之，在这个时期，如果孩子没有升华对父母的依赖之情，就有很大可能形成表演型人格。

当然，表演型人格并非没有益处。对那些从事表演事业的人而言，拥有表演型人格，使他们在表演过程中更加如鱼得水。例如，他们能够活灵活现地呈现原本不存在的人或者事物。例如，在影片《万里归途》中，白嬿得知丈夫去世的消息时悲痛欲绝的表演其实是无实物表演，这意味着演员必须面对空洞无物的空间进行表演，而且要表演得入情入境，不但感动自己，也感动观众。这表现出演员极其高超的表演能力和共情能力。

其实，即使只是普通人，从事普通的职业，也常常需要具备表演的技能。在第二次世界大战期间，美国大名鼎鼎的将军乔治·巴顿就有高超的表演能力。巴顿喜欢把自己打扮得很醒目，如同符号一样有着鲜明的特色。他不但形象与众不同，就连汽车也显得很有权威，此外，他还坚信自己生生世世都是将军。虽然他的表演略显浮夸，但他凭着这样的表演为自己打造出了与众不同的领导风格。总之，表演型人格者要学会升华自己的表演型人格，才能恰到好处地发挥表演的天赋和才能，让自己有更加出色的人生表现。

第六章

自恋型人格

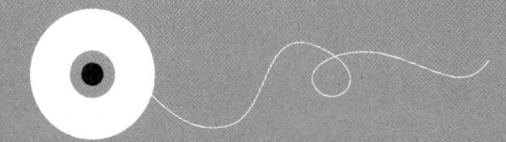

在希腊神话中，美少年纳喀索斯对着湖水顾影自怜，最终投湖而死，变成了一株美丽的水仙花。可以说，他的自恋超出了正常限度，是病态的。因而有些心理学家把病态的自恋称为水仙花症。受到这个故事的启发，弗洛伊德在精神分析中也对此进行了研究。通常情况下，在自恋型人格者中，男性多于女性。

自恋型人格的特点

顾名思义，自恋型人格者自我感觉良好，极端地关注自我，以自我为中心，而置他人于不顾，甚至完全忽略他人。和纳喀索斯只欣赏自己的相貌不同，他们对自己各个方面的表现都特别认可。例如，他们迫切想吸引他人的关注，让他人看到他们的成就、财富和影响力。他们自认为是与众不同的，理应得到特殊的对待，或者至少要得到比他人更好的对待。因为极其自以为是，所以他们很喜欢剥削、欺压和掌控他人，常常以利用他人的方式，实现自己的目的。

正常情况下，自恋型人格者会表现得很有魅力，他们彬彬有礼、精明强干、礼貌谦让、宽容谦逊。但是，这一切都是以得到他人优待为前提的。一旦遭到他人的批评，或者被打破自恋的幻想，他们就会当即从魅力模式切换到霸凌模式。对那些批评、否定他们的人，他们会毫不客气，尖锐反驳和顽强对抗。他们不仅认为自己长得英俊潇洒、美丽非凡，而且认为自己拥有他人所不及的才华，也拥有众人瞩目的成就。极度的自恋使他们忽视了事实，哪怕实际上一无所成，他们也会热切地期盼自己能够出人头地，也会坚定地相信自己必能一鸣惊人。

对待工作和事业，他们对自己始终有着不切实际的幻想；对待爱情，他们也充满浪漫的憧憬。为了得到贵人相助，他们只想结交那些有着至高地位或者是特殊身份的人。他们冷漠自私，对他人的情绪、感受和需求总是视而不见；他们缺乏同理心，不能体谅他人的为难之处，也不愿意对他人感同身受。面对比他们更加优秀的人，他们妒忌心强，不愿意承认他人的优秀，而且常常揣度他人正在嫉妒他们。出于这样的心理，他们总是愤愤不平地议论他人，总是言辞尖锐地挑剔和苛责他人。为了赢得他人的赞美，他们还热衷于哗众取宠。当然，他们想要得到的只是赞美，而绝非批评。

纳喀索斯的父母终于迎来了孩子的降生，他们万分欣喜地去找神明，想预先知道孩子的命运。神明告诉他们，千万不要让孩子看见自己。为此，父母严禁纳喀索斯照镜子。长大之后，纳喀索斯越来越英俊，对此，他毫不知情。很多美丽的少女都主动追求他，他全都拒绝了。在所有的追求者中，仙女厄科是最美丽的，但是，她因为被诅咒而不能说话。在单相思的煎熬中，厄科失去了肉体，化身为回声女神。看到厄科因为爱上纳喀索斯而死去，少女们全都对纳喀索斯心生怨恨，她们诅咒纳喀索斯将来也会爱而不得。命运女神很同情这些少女，因而决定帮助她们实现对纳喀索斯的报复。

一个偶然的机会，纳喀索斯来到湖边，看到自己在湖水中的倒影，当即神魂颠倒。他不知道湖面上倒映的正是他自己，就这样沉迷于倒影不忍离开。后来，他跌入湖中溺亡了，变成了一株水仙花。从此之后，他就这样矗立在湖水中，呆呆地凝望着自己的倒影。

在这个神话故事中，纳喀索斯是典型的自恋型人格者。他的父母在得到神谕之后禁止纳喀索斯照镜子，使纳喀索斯不知道自己的长相，因而也就无从知道自己有多么英俊潇洒。正是因为如此，他后来在湖边看到自己的倒影时才不知道那是自己的倒影，也才会爱上倒影。

有心理学家提出，在孩子成长的过程中，他们要满足自身的自爱性表现欲，才不会产生自恋型人格的倾向。反之，如果童年时期的自爱性表现欲没有得到满足，那么孩子在长大成人之后依然会做出幼稚的自夸行为，甚至只能在对自己夸张的想象中构建属于自己的世界。

原始自恋与成熟自恋

在整个地球上,人类是最高级的生命形态,这使人必须付出极大的成本与代价才能成长为人。和动物的幼崽相比,人类的婴儿是非常脆弱的,也是非常无助的。诸如小马驹等低等动物,刚刚脱离娘胎就能奔跑。但是,人类的婴儿刚离开母亲的子宫时,根本无法独立生存,而必须在长达一年多的时间里学会很多必备的生存技能,如坐、爬、走、跑等。由此可见,和动物幼崽对母亲的依赖相比,人类婴儿对父母的依赖更持久。

三岁之前,婴幼儿的大脑始终处于快速发育中。新生命呱呱坠地时,大脑发育还不成熟,如果只是从脑部的发育程度判断,说人类都是早产儿也不为过。为了帮助婴幼儿的脑部发育,在婴幼儿三岁之前,父母要为婴幼儿营造良好的成长环境,不仅要给婴幼儿的身体发育提供全面均衡的营养,也要为婴幼儿的脑部发育提供充足的环境支持。

弗洛伊德提出,所有生命体都会经历原始自恋阶段,也就是幼儿时期。在这个时期，幼儿以自我为中心，把母亲和自己都视为主体。这使幼儿误以为自己是世界的中心，整个世界都在围绕着自己转。幼儿有这样的误解在所难免，因为他们有任何的需求，只要哭泣就能得到满足。为此，在三岁之前，父母应该竭尽所能地疼爱孩子，无条件地满足孩子的一切需求。在这个阶段，如果孩子总是得不到满足，那么长大成人后他们也会试图弥补自己，满足自己。这就解释了为何很多成年人表现得特别孩子气，像是总也长不大一样。

现代社会中，很多育儿专家提出不要溺爱孩子，以免孩子的行为没有界限。为此，有些父母盲目听从专家的建议，把小小的婴儿放在床上哭泣，而不愿意抱起他们。实际上，对孩子独立性的锻炼不应该早于三岁。三岁之前，孩子只是需要一些爱抚，对物质的需求也是最基本的，所以父母只需要付出极小的成本就能给予孩子最大的满足，何乐而不为呢？等到三岁之后，在六岁之前，孩子会采取各种方式吸引父母的关注，在这个时期，父母才需要帮助孩子养成良好的行为习惯，也引导孩子学会遵守规则。

自恋型人格者的典型行为特征就是以自我为中心，从心理学的角度进行分析，即他们的行为退行到了原始自恋阶段。这是因为他们在婴幼儿时期的原始自恋需求没有得到满足，所以这种心理倾向会延续到未来。

和关注他人相比，幼儿更关注自我。自恋型人格者的行为表现就是如此，他们把自己的感受和需求放在第一位，而忽略他人的感受和需求。在人际交往中，他们表现得极其自私，是因为他们不懂得互惠的道理，而一味地要求他人给予自己特殊的优待。即使在如愿以偿地得到他人的特殊优待后，他们也不会投桃报李地给予他人以回报。长此以往，自恋型人格者就会很少有朋友，显得比较孤独。

如果说心理不成熟的自恋型人格者是因为需要某个人才会选择某个人，或者爱某个人，那么真正心理健康且成熟的人，则是因为爱某个人才会需要某个人。前者是索取，后者是付出；前者无法与他人建立相互付出的关系，而后者则能够与他人相互付出，彼此依存。

自恋型人格者总是自我感觉良好，认为整个世界都应该围着他们转。为了更好地适应社会，自恋型人格者必须调整人格结构，让自己变得越来越成熟。毕竟，没有任何人愿意一味地对他人付出，而从来不期待任何回报。

除了一味地向他人索取外，自恋型人格者还会觉得自己与众不同。例如，乔布斯虽然创办了苹果公司，但因为从小被亲生父母遗弃，在养父母的身边长大，所以他总是在追问自己的来处，也总是想方设法地证明自己是非常完美且特殊的，期望得到别样的对待。如果说乔布斯是天才，所以才能创办苹果公司，那乔布斯也有其弱点，因为他表现出很幼稚的自恋行为。他是一个矛盾的综合体。

在商业领域中，自恋型人格者具有强烈的特权意识，坚信自己应该被特殊对待，也应该被认可和赞美。如果不能事事如愿，他们就会觉得自己受到了侮辱，因而大发雷霆，反应过激。乔布斯每过半年都会买一辆新车，因为他不喜欢车牌号，也是因为他想要追求与众不同。

在成长的过程中，每个人都会经过自恋的阶段，然后走向成熟。幼稚的自恋也可以发展成健康的自恋，只要不因为没有得到满足就充满孩子气，就能慢慢摆脱不健康的自恋型人格。

全能自恋与有限自恋

在婴儿时期,所有婴儿都觉得自己是全能的,这是因为父母总是愿意满足他们生存的一切需要。而实际上,婴儿是很无助的,除了哭,他们不具备任何求生技能,一旦离开父母的照顾,根本无法生存。这决定了婴儿的自恋是全能自恋,顾名思义,拥有全能自恋的婴儿觉得自己无所不能,不管有什么需求都能够被满足。为此,不管是热了还是冷了,也不管是渴了还是饿了,婴儿都会哇哇大哭。这使他们处于极乐状态,误以为自己与整个世界是浑然一体的。当然,婴儿概念里的全世界与成年人眼中的全世界截然不同。他们意识到的全世界就是爸爸妈妈。在这个阶段,爸爸妈妈必须无微不至地照顾婴儿,才能使婴儿获得全能感。

心理学家皮特·冯纳吉经过研究发现,婴儿在一岁半之前,都保持着心理等同的模式,这意味着婴儿无法区分自己的内心世界和外部世界,也无法区分信念与现实。在幼儿阶段，他们也没有消除自己是世界中心的想法。随着不断成长，这种想法才渐渐淡化，最终发展出成熟的心智模式。

在合适的条件下，全能自恋会发展成为有限自恋，这样才能符合社会规则。正是因为如此，很多成年人才会出现自我评价过高的情况。曾经有心理学家针对这种心理现象进行了实验，让每个人对着镜子给自己的容貌打分，也给他人的容貌打分，结果发现大多数人给自己的分数比给他人的分数高出大概30%。这就是健康的有限自恋。从某种意义上来说，这是普遍存在的自恋。有限适度的自恋，说明主体心理健康，也能自我悦纳。而作为成年人，如果依然保持着一定程度的全能自恋，那么他们就会把自恋常态化且极端化。

乔布斯刚出生不久就被亲生父母遗弃了。他的养父母对领养他这件事情非常坦诚，从未刻意隐瞒。六岁那年，乔布斯把自己的身世讲给另一个孩子听，那个孩子很惊讶，问乔布斯："难道你的亲生父母抛弃了你吗？"听了这句话，乔布斯恍然大悟，这才意识到自己是被亲生父母抛弃的孩子。他哭着回到家里，养父母一本正经地告诉他："我们是刻意选中你的。"养父母的回答让乔布斯觉得他是很特别的，也是与众不同的，受伤的心灵得到了抚慰。

尽管得到了养父母的疼爱，但是乔布斯始终对被亲生父母抛弃这件事情耿耿于怀。为此，他也感到特别失落。有一次，乔布斯参加信徒聚会，被宗教领袖选中剃度。他一直记得这件事情，认为自己能够从人群中脱颖而出被"选中"，那就是"天选之人"，为此，他坚信自己要承担起改变世界的伟大使命。他总是对外宣称"我很特别"。哪怕是在生病住院期间，乔布斯也要求得到特殊对待。医院里有六十多名护士，他从中选定三名护士负责照顾他，一直陪伴他走到生命终结的时刻。

在病情危重进入重症监护病房进行治疗时，医生禁止乔布斯使用冰块，乔布斯对此很不满，他认为医生应该"特殊"对待他。妹妹莫娜·辛普森再三向乔布斯解释"这就是特殊治疗"，乔布斯却认为还不够特殊。在插管治疗期间，乔布斯无法说话，就画图示意陪同人员为他的病床配置一个装置，用来摆放平板电脑。他重新设计了原本不够特殊的病房，还增加了X射线设备和新型流动监测仪。至此，病房才达到他的"特殊"要求，显得很不同寻常。

通常情况下，随着人生阅历越来越丰富，自恋型人格会逐渐淡化。乔布斯也是如此，他渐渐发展成为成熟的自恋型人格者，作为领导者，他无疑是幽默风趣的，而且极富创造力。

对自恋型人格者来说，他们始终坚信"我与众不同"的信念。如乔布斯，他相信自己是与众不同的，是肩负着特殊使命的，才能感到安心和安慰。作为自恋型人格者，要分辨自己是全能自恋还是有限自恋。如果是前者，那么就要从现在开始有意识地增加人生阅历，开阔眼界，这样才能意识到自身能力的有限，也更加客观地看待自己。

不易觉察的自恋

有的时候，我们一眼就能看出自恋型人格者，因为他们的特征很鲜明。例如：自恋型人格的女孩也许会穿着另类，染着一头紫色的头发；自恋型人格的男孩也许会留长头发，扎着一条小辫子；自恋型人格的阿姨也许会穿着很少女的服饰；自恋型人格的大叔也许会染着亚麻色头发，或者留着络腮胡。和这些显而易见的自恋型人格者相比，还有一些自恋型人格者是很隐蔽的，如果没有火眼金睛，不可能透过现象看到本质，更不可能识破他们自恋的真相。有的时候，他们的自恋并不体现在自己身上，而是体现在身边的某个人身上。当然，这些人与他们是有特定关系的，如老师、学生、配偶、父母、朋友等。

具体来说，自恋型人格者通过与某个人攀附关系，以实现自我满足。从本质上说，他们不是在吹捧他人，而是在吹捧自己。

王闿运是晚清名士，志向远大，但是言行举止非常奇怪。

例如，他会大力吹捧老妈子，却贬损官场，对官绅嬉笑怒骂，极尽讽刺。一般情况下，王闿运吹捧的都是匠人。在当时，匠人生活在社会底层，地位很低。在他的吹捧下，木匠齐白石、铁匠张正旸和铜匠曾昭吉都变得有名了。然而，令人奇怪的是，从他在日记里所写的内容中不难看出，他并不真正欣赏这些匠人。实际上，他是典型的自恋型人格者，是以吹捧匠人的方式捧高自己。

现实生活中，很多人都和王闿运一样，以吹捧他人的方式吹捧自己。例如，一个人很喜欢某个演员，是因为这个演员热衷于公益事业，在演艺圈里有着极高的口碑。这个人张口闭口说起这个演员，恰恰是为了证明自己也是与众不同的。再如，有些老师喜欢把得意门生挂在嘴边，一则因为他们的确以得意门生为骄傲，二则因为他们想要借助吹捧得意门生，证明自己教书育人的能力很强，才会培养出国家的栋梁之材。

王尔德在小说《道林·格雷的画像》中，表现出了隐蔽的自恋。19世纪，在英国伦敦，贵族少年道林·格雷不但长相英俊，而且性格纯良。画家霍尔沃德为道林·格雷画了一张画像。在当模特期间，道林·格雷认识了能言善辩的亨利勋爵，并与亨利勋爵成了好朋友。在亨利勋爵的教唆和诱导下，格雷不再严格约束自己的行为举止,也不再遵守道德规范,而是开始放纵自己,纵情享乐,追求感官的享受。渐渐地,他还爱上了自己英俊的相貌,也嫉妒画像上的自己居然那么美丽。

他越来越担心自己会随着时间的流逝变得衰老,为此许愿让画像老去,让他青春永驻。可怕的是,他的梦想成真了。尽管时间流逝,他丝毫没有变老。他继续纵情享乐,变得越来越冷漠自私、狂妄自大,最终,他抛弃了深爱他的女孩,使女孩在伤心欲绝之际选择了结束生命。

看着现实中的自己依旧年轻英俊,而画像中的自己却日渐老去,他非但不珍惜青春年华,反而更加肆意放纵。转眼之间,又过去十八年,那个因为被格雷抛弃而死去的女孩的弟弟来找格雷报仇,居然也被巧舌如簧的格雷欺骗了,失去了年轻的生命。

因为厌恶画像里衰老丑陋的自己,格雷杀死了画家,又试图刺死画像里的自己。不想,他因此丢掉了性命。死去之后,他的身体变得衰老丑陋,而画像里的他却重回年轻。

在这个故事中,格雷和亨利勋爵都是自恋型人格者,区别在于,格雷是显而易见的自恋型人格者,亨利勋爵却是隐蔽的自恋型人格者。大多数自恋型人格者都富有魅力,也很会蛊惑他人，尤其是对刚刚认识的人，他们更是能够轻易掌控。亨利勋爵能说会道，很快就开始操纵格雷，也把自己的自恋转移到格雷身上。很多研究者提出，王尔德自己正是亨利勋爵的原型。的确，很多人都认为王尔德是自恋型人格者，因为他自认为是天才，而且说要终生爱自己。

随着时代的发展，生活水平的提高，以及网络的普及，很多人的自恋倾向也日益明显。从某种意义上来说，自恋和浮夸也成为一种竞争策略，很多人都因为自恋而受到关注，甚至成为他人竞相模仿的对象。但是，每个人都应该始终牢记，自恋不是获得成功的原因，一个自恋者之所以成功了，是因为他为了追求成功付出了艰苦卓绝的努力和永不懈怠的坚持。

第七章

被动攻击型人格

美国军方最早提出了"被动攻击",用以描述某些士兵不愿意接受指令、不愿意服从命令的微妙情绪。被动攻击不但是被动的、消极的,而且带有攻击的意味。现实生活中,很多人都有不同程度和不同频率的被动攻击性行为,如叛逆的青少年不愿意接受父母安排,不想按部就班地学习等。也有些被动攻击表现为拖延、无所作为等,也就是人们常说的拧巴或者较劲状态。在被动攻击型人格者的心中,顺从就意味着失败。

被动攻击型人格的特点

被动攻击型人格者喜欢争辩，不愿意服从权威，总是以各种理由批判权威，甚至毫无理由地否定权威。他们很想表达自己的真实想法，又担心得罪他人，或者损害自己的利益，为此他们就会以讽刺、嘲笑的方式掩盖自己的真实想法。他们不愿意服从任何人的指挥，哪怕身边的大多数人都做出了相同的选择，他们也不愿意从众，因为他们认为从众代表失去控制权。

仅从表面看，被动攻击型人格者人畜无害，与人为善，实际上他们内心很执拗，既然不敢以直截了当的方式表达反对，就以各种具有隐蔽性的方式无声地抵抗。他们缺乏自信，对未来非常悲观，不知道人生的出路在哪里。在团体中，他们常常抗拒合作，更不愿意在合作中处于从属地位，为此会故意与他人作对、捣乱。

从沟通和提问的角度看，被动攻击型人格者有一个特别鲜明的特征，即他们很少直抒胸臆，而是提出各种诱导性问题，从而让对方明白他们的想法，参透他们的意思。当想要拒绝他人时，他们也缺乏底气，于是采取迂回的方式委婉地表达自己的意思；面对不想做的工作，他们不会直接拒绝，而是采取拖延等方式降低工作效率，或者一直赌气，即使有能力也不愿意圆满地完成工作。在人生的道路上，他们总是怨声连连，认为自己没有得到命运的公平对待，认为自己空有满腹才华却没有得到重用，认为自己原本可以平步青云却一直在不起眼的岗位上。

他们对抗的方式是假装遗忘，即假装遗忘自己对他人的承诺，假装遗忘自己还有任务没有完成，假装遗忘自己与他人的约定等。从本质上来说，他们一意孤行，却又绝对依赖他人。这使他们的心境始终充满矛盾，无法从容地解决各种问题。

近来，妈妈发现乐乐完成作业的时间越来越晚。原本，乐乐下午三点半放学，四点钟就能回到家里开始写作业，基本上六点半吃晚饭之前就能写完所有作业。但是，自从妈妈要求他在完成学校作业后，要适量做一些课外习题作为补充，乐乐写作业的速度就越来越慢。

第七章 被动攻击型人格

这天晚上，乐乐又磨磨蹭蹭到九点多才完成作业，妈妈气得喊道："四点钟到家，现在是九点多，整整五个多小时，去掉吃饭一个多小时，剩下四小时。我不相信你们老师会布置那么多作业，需要四小时才能完成！"说着，妈妈就要打电话给老师询问情况，乐乐不置可否。后来，妈妈冷静下来，没有询问老师，而是询问了其他家长。经过询问，妈妈得知其他同学基本上两小时左右就能完成所有作业，妈妈这才意识到乐乐是在故意拖延时间。思来想去，妈妈意识到问题出在课外作业上。她尝试着取消乐乐的课外作业，规定乐乐如果能在六点半之前完成作业，吃完饭可以看一小时电视。果不其然，乐乐加快速度写作业，每天六点钟前后就能完成所有作业。

在这个事例中，乐乐表现出典型的被动攻击型人格倾向。他不想完成妈妈布置的课外作业，又不知道该如何拒绝，或者说不敢直接拒绝，因而只能以拖延的方式消极对抗。他很清楚，如果他到晚上九点多才能完成学校作业，就没有时间做课外作业了。

现实生活中，很多胆小怯懦的人都有被动攻击型人格的倾向。一则，他们没有足够的勇气当面拒绝或者对抗他人，二则，他们本身的特点就是消极对抗。其实，对于很多事情，如果确定自己有足够的理由拒绝，就可以直截了当地拒绝。

第七章 被动攻击型人格

不干活还阴阳怪气

被动攻击型人格是如何形成的呢?心理学家经过研究发现,如果一个人的童年生活是阴暗的,没有快乐,缺乏安全感,总是担心被批评和指责,也常常被强迫和压制,日久天长,他们就会形成被动攻击型人格。

为了保护自己不被挑剔和苛责,他们还渐渐摸索出一个门道,那就是"多做多错,少做少错"。遵循这个原则,不管对待什么事情他们都特别被动,不愿意采取积极主动的态度。与此同时,他们还会对真正着手去做的人说些绵里藏针、阴阳怪气的嘲讽之语。日久天长,大家都对他们敬而远之,他们也就越来越孤僻。

在安安八岁时,她的爸爸妈妈就离婚了。法院判决安安和爸爸一起生活,从此之后,妈妈就彻底从安安的生活中消失了。起初,安安特别想念妈妈,在无数个夜里哭着从睡梦中醒来,仿佛还能感受到妈妈怀抱的温暖。随着渐渐长大,安安会收到妈妈的信件。在信上，妈妈一次又一次地说想念安安，但她从来没有来看过安安。后来，安安索性直接扔掉妈妈写来的信，因为她觉得信里的每一句想念都是讽刺，都是言不由衷的欺骗。她认定自己是被妈妈抛弃和拒绝的孩子，为此，她从来不给妈妈回信。

在对妈妈的愤怒中，安安读完了小学、初中和高中，进入了一所普通大学。很快，她大学毕业了，正式步入社会，开始工作。原本，安安高兴自己终于可以养活自己，不用再看后妈的脸色要生活费了；高兴自己终于租了一个单间，哪怕过年过节也可以不回爸爸和后妈的家了。但是，一切并不像她想象的那么美好。在大学期间，安安就显得很孤僻。在进入公司之后，她也不招人喜欢。她特别情绪化，情绪就像是坐上了过山车忽上忽下，还很愤世嫉俗，看不惯很多同事和很多事情，因而常常与人争辩，对别人的话鸡蛋里挑骨头。即使对于公司的很多规定，她也不愿意遵守。有一次，领导问安安为何要这么特立独行，安安反问领导："请您告诉我什么是'特立独行'，我还不知道这个词语的意思呢！"

在公司里，大多数同事都能做到按时上下班，也能基本上完成工作任务，安安上班却三天打鱼两天晒网，每隔几天就会请假，又不告诉领导非请假不可的理由。看到安安这么自由散漫，领导很无奈，动起了辞退安安的心思。一天早晨下起了雨，安安迟到了一小时才到公司。领导怒不可遏地质问安安为何迟到，安安不以为然地说："领导，我又没有私家车开，下雨天公交车等不来，这也不怪我啊！"领导生气地说："你没有私家车开，是你的问题，不是公司的问题。既然知道下雨天公交车难等，你要么打车，要么提前出门，总之不能迟到。这是我最后一次警告你，下次再违反公司规定，就请你另谋高就吧！"

不仅如此，安安还是公司里流言蜚语的中心。每当有同事做出了一些工作成绩，或者是买了一辆车等，她都会尖酸刻薄地发表评价，或者说对方是走了狗屎运，或者说对方是使用了见不得光的手段。因为太多同事都不喜欢安安，领导最终还是下定决心辞退了安安，他对安安说："我们公司可不需要不干活，还说怪话的员工！"

在很多单位，都有员工只喜欢阴阳怪气地说话，而不喜欢干活。他们以为干得少错得少，对原本属于他们分内之事也能拖延就尽量拖延，但他们总盯着别人，只要看见别人有做得不好的地方，就会挑剔苛责，甚至制造流言蜚语。看起来，他们并不会真的伤害别人，实际上具有极强的杀伤力，常常会扰乱人心，使工作环境人心惶惶，甚至总是背地里使阴招，给人下绊子。

俗话说，明枪易躲，暗箭难防。对那些被动攻击型人格者，我们一定要多加小心和提防。正是因为他们具有极强的隐蔽性，很善于伪装自己，所以我们才要多多了解他们，辨识他们的真心假意。当意识到自己有被动攻击型人格倾向时，我们则要有意识地学会表达，采取直接的方式与他人沟通，这样才能减少误解，与人愉悦地相处。

咬人的狗不叫唤

俗话说，"会叫的狗不咬人，咬人的狗不叫唤"。还有一句俗语有类似的意思，即"蔫人出豹子"。现实生活中，人人都喜欢那些好脾气、好性格的人，而不愿意与脾气火暴的人打交道。然而，好脾气、好性格不代表没脾气、没性格，很多人看似闷不吭声，实际上心里有大主意，并不是那么容易被说服的。那些看似好脾气的人，只是不喜欢用直截了当的方式表达愤怒，而喜欢采取迂回的方式表达。有些人向来和善，这是因为他们始终在压抑自己的愤怒，掩饰自己的真实情感状态，以此控制内心的冲动，避免自己做出过激的举动。对这些人而言，如果有人触碰到他们的底线，他们就会寻找机会报复对方，甚至还会不计后果地攻击对方。

我们对被动攻击型人格有了一定的了解，就会知道他们看似人畜无害，胆小怯懦，实际上内心压抑了很多不满和愤怒，也充满抱怨和愤恨。但是，他们往往不会不加掩饰地表达负面情绪，而是表现出顺从的一面，却在背地里敷衍、抱怨、拖延，他们正是以这些消极的方式拒绝合作的。对他们而言，哪怕心里有一百个不满意，哪怕依从和敌意互相冲突，他们也会一如往常地伪装，而强行压抑心理上的失衡。正是因为如此，在日常生活中，他们才会表现出被动、无害的样子。但是，这并不能真的消除他们内心的攻击性，他们常常会不自觉地说出一些具有嘲讽意味或者醉翁之意不在酒的话，这些话同样令人感到不悦。尤其是在得知他人的真实意图之后，他们更是会想方设法地暗中阻挠，阻止别人实现梦想。

在组织管理中，管理者一定要了解并识别这种人格特征。对被动攻击型人格者而言，他们在内心深处始终坚信说出真实想法是冒险的，只有采取被动攻击的方式，间接地抵制权威，或者迂回地挑衅权威人物，才是安全的。他们正是因此得名——被动攻击型人格者。很多管理者发现，想要与被动攻击型人格者开诚布公地交谈是很难的。在人际交往中，被动攻击型人格者总是把所有的问题和不满都憋在心里，在时间的发酵下，原本简单的、容易解决的问题变得越来越难，所以情况会变得更加糟糕。

刚结婚不久，丫丫就变得闷闷不乐。每次回到娘家，妈妈看着丫丫满腹心事的样子特别担心。妈妈知道丫丫的性格，知道丫丫不喜欢把什么事情都说到明面上，因而很有耐心地再三询问丫丫，这才知道丫丫与婆婆相处得不愉快。例如，婆婆做菜总喜欢放辣椒，但是丫丫从小就不喜欢吃辣，一吃辣就会上火。婆婆对此毫不知情，几次三番地询问丫丫饭菜是否合口味，丫丫都为难地点点头。后来，丫丫就总是在外面吃饭，回到家里就躲在自己的小房间里，不愿意看到婆婆。有一次，婆婆做的饭菜奇辣无比，把丫丫辣得直吐舌头，她气得在婆婆的面条碗里加入了很多花椒油，也麻得婆婆直喝水。

听到丫丫的讲述，妈妈劝说丫丫："丫丫，你这么做可不对。你是妈妈一手养大的，所以妈妈知道你喜欢吃什么、不喜欢吃什么。你和婆婆这才刚到一起过日子，婆婆不了解你的口味是正常的，而且她也询问你是否合口了，你应该如实告诉她。你这样总是闷着不说，一到吃饭就不开心，婆婆又不知道你为何生气，渐渐地你们就会生出嫌隙，知道吗？况且，婆婆是不知道你不爱吃辣，问你你又不说实情，才会继续做辣的菜。这件事情的根本责任在你，可不是婆婆故意整你。小丫头，和婆婆一定要坦诚相待，把话说开了就万事大吉了。"

妈妈的话解开了丫丫的心结，丫丫回到家里就告诉婆婆她不喜欢吃辣，让婆婆以后给她做一个不辣的菜。让丫丫没想到的是，婆婆后来做的所有菜都是不辣的，只是桌子上多了一个辣椒碟子而已。

丫丫很幸运，有一个爱她的婆婆，还有一个明白事理的妈妈。否则，以丫丫典型的被动攻击型人格，说不定还会默默继续和婆婆生气呢。家，是讲情的地方，而不是讲理的地方。哪怕作为被动攻击型人格者，在家里有了不快也要直接表达，而不要让小事情酝酿成大事情，也伤害与家人之间的感情。

其实，人与人之间相处，心直口快的交往模式是最简单的，有了不高兴就说出来，不高兴很快就会烟消云散。很多的误解都是时间的产物，负面情绪不能得到及时宣泄就会不断发酵，变得越来越多，也越来越浓重。从现在开始，被动攻击型人格者应该尝试着改变自己，从"不想说"到"我要说"，从生气地说到愉悦地说。

情绪是被动攻击的根源

人是情绪动物，每个人每时每刻都在产生各种各样的情绪，所以对被动攻击型人格者而言，情绪就是攻击的根源。正是因为产生了情绪，又不能堂而皇之地宣泄情绪，而只能压抑情绪，所以被动攻击型人格者才会选择以被动的方式进行攻击。现实生活中，被动攻击的行为屡见不鲜。例如，父母要求孩子必须早点儿起床，孩子对此感到不满和厌烦，又不敢直接反抗父母，就会故意在起床的时候磨磨蹭蹭，拖延时间。再如，上司严厉地批评下属，指责下属没有很好地完成工作，责令下属限期整改，下属对此不服气，就会选择继续延误，或者因为带着情绪而没有按照上司的要求整改工作。这些都是消极对抗的表现，都属于被动攻击行为。

对被动攻击型人格者而言，他们最鲜明的特点，就是无法以恰到好处的方式表达自己的负面情绪。他们之中的大多数人都习惯把消极抵抗的行为常态化、模式化，甚至形成条件反射。

在管理工作中，自我挫败很容易激发被动攻击行为。什么是自我挫败呢？只需要举一个简单的例子，我们就能深入了解这个词语。例如，上司很信任下属，因而给下属安排了一个任务。但是，下属并不想接受这个任务，因而想出各种借口推脱，最终实在无法推脱，只能勉为其难地答应。但是，下属发自内心地抵触这个任务，最终采取非常规手段，故意没有完成任务。从某种意义上说，自我挫败中蕴藏着被动攻击，都是以故意没有完成某件事情的方式对抗他人，或者惩罚他人。

人有服从命令的天性，也有不服从命令的天性。在很多情况下，不服从命令反而是一件好事，至少不会使人唯唯诺诺，缺乏主见。在职场上，很多时候都需要发挥创造性，才会有所创建。有些人总是盲目从众，也盲目地服从他人的安排和命令，充其量只能变成棋子，而不会有所建树。在长达半个多世纪的时间里，很多心理学家都在研究被动攻击型人格，最终判定这种人格并非完全是人格障碍。只要克服这种人格压抑情绪的弱点，在合适的时机和场合发挥这种人格拒绝服从命令的本性，就能起到良好的作用。

进入新公司之后，小莫一直都很不开心，这是因为很多老员工都会支使他，给他安排各种各样的额外任务，使他每天忙得脚不沾地，如同旋转的陀螺一样根本停不下来。偏偏小莫不懂得拒绝，虽然心里很不乐意，表面上却总是勉为其难地接受他人的不情之请，长期下来，负面情绪在他的心中持续累积，他终于爆发了。

有一天即将下班时，一个同事又拿着各种报表来找小莫帮忙，小莫毫不客气地拒绝道："对不起，我自己的工作还没干完，而且我必须准时下班带我爸爸去医院问诊。"听到小莫这么说，那个同事尴尬地笑了笑，就离开了。这么说的时候，小莫刚开始感到生气，后来想想又觉得自己不应生气，而是应该高兴。随着拒绝他人的次数越来越多，小莫居然能够做到心平气和、面带微笑地拒绝了。后来，大家并没有因为小莫不帮忙而疏远小莫，反而也会主动帮助小莫。

人与人相处一定要彼此信任，如果总是互相猜忌，把对方想得居心叵测，那么被动攻击型人格者就会厌恶对方，抵触对方。有的时候，他们的反抗情绪并不是很严重的事情触发的，而是被一些很简单的小要求触发的。从这个意义上说，被动攻击型人格者只有找到情绪的根源，才能从根本上解决问题。

第八章

回避型人格

回避，实际上就是逃避。与逃避带有贬义相比，回避则是个中性词。在现实生活中，人人都曾经回避过一些艰难的处境或者无法应对的事情，仿佛只有这样才能暂时把自己从焦虑的情绪中拯救出来。从这个意义上来说，回避是一种防御机制。

回避型人格的特点

在情感、行为和认知方面，回避型人格者都普遍存在回避倾向。有些回避型人格者会对陌生的环境感到恐惧，他们之所以回避，是因为担心自己被拒绝，被反对，或者遭到侮辱。因为回避，他们很难实现自己的愿望或者理想。他们过于关注自我，无限放大挫败，甚至有完美主义倾向，坚持认为不应该轻易尝试，因为这样就能避免失败。在社交中、亲密关系中，以及面对任务时，他们都会做出回避行为。

和所有人一样，回避型人格者也渴望结交朋友，收获友谊，但是他们非常敏感，也特别自卑，所以总是回避社交场合。可想而知，当一个人不愿意进入社交场合，不愿意面对更多的人，他们的社交圈子必然非常狭窄，朋友也屈指可数。在与人交往的过程中，他们会带有先入为主的观念，担心自己会被批评或者被拒绝。他们对自身的社交水平评价很低，认为自己是笨拙的，也是缺乏魅力的，甚至特别自卑，认为自己远远不如他人。因为社交回避,他们甚至不愿意从事需要与很多人接触的工作。他们的内心特别脆弱,很容易受到伤害,即使只是受到他人轻微的批评或者反对,也会感到难以承受,为此郁郁寡欢。尤其是在亲密关系中,他们表现得特别害羞,行为拘谨,这是因为他们担心自己会被嘲笑或者讽刺。在工作中,他们习惯性地回避很多任务,即使工作任务很简单,他们也会找借口逃避。出于回避心理,他们还会夸大一些事情的危险性,认为自己不管多么努力都不可能圆满地完成任务,为此,他们悲观沮丧,认为凭着自身的努力无法改善当下的处境。这一切都使他们失去自信,降低自尊心,总是封闭自己,不愿意进入人多的场合,也不愿意与很多人频繁接触,还很抗拒参加新的活动。

自从参加工作以来,薇薇一直从事最基本、最简单的工作,给办公室里的所有人打杂,如给大家订午饭,帮助有需要的人复印各种文件,帮助领导布置会议室,准备招待客人的水果零食等。有一次,领导给薇薇安排一份比较重要的工作,即在收拾好会议室之后,负责接待一位客户。对此,薇薇惊慌失措,连连摆手拒绝道:"领导,我不行,我不行!我从来没有独当一面过,万一我惹客户不开心了,那损失可就大了。"

领导鼓励薇薇:"没关系的,你是有能力的。进入公司这三年来,你一直从事基层工作,对很多事情都得心应手,你只需要提前更全面地了解产品就行。"然而,不管领导怎么说,薇薇就是不敢接受这项任务。后来,她索性说道:"领导,您还是换别人吧,我愿意当绿叶。"听到薇薇这么说,领导无奈地摇摇头。

其实,领导有心栽培薇薇,才会把这样的好机会留给她。但是,薇薇是典型的回避型人格,她很怕承担有难度的工作,也很怕与人打交道。她只喜欢做幕后工作,默默无闻地付出,也许这是最适合她的。

回避型人格者不管是对待学习,还是对待工作,或者是对待生活,都会做出畏缩的姿态,不敢迎难而上,也不敢接受各种任务。对于这样的情况,回避型人格者一定要积极地改变心态,认识到机会总属于有准备的人,因而在做好准备之后鼓励自己勇敢地把握机会,无畏地迎着困难前行。

即使在恋爱中,回避型人格者也是被动的。他们明明很喜欢某个异性,却不敢向对方表白。在这种情况下,哪怕对方主动追求他们,他们也会怀有极大的不确定性,缺乏信心。当真正确定对方是真心喜欢他们的,他们才会接受对方的好感,也才会向对方做出回应。其实,我们无须担心结果将会如何,因为哪怕不能如愿以偿地获得成功,而是遭遇失败,我们也能积累经验和吸取教训。反之,如果始终在回避,不愿意进行任何尝试,注定不可能获得成功。

面对亲密关系忍不住想逃

越是面对亲密关系，回避型人格者越是感到无所适从，迫不及待想要逃跑。在确立恋爱关系的所有重要时刻，回避型人格者往往情不自禁地退缩和逃避。其实，回避型人格者不但不敢追求爱情，对于家庭生活，他们也会采取回避的态度，做出回避的行为。例如，他们很喜欢上班，也很喜欢出差，而不喜欢留在家里，因为这样就可以名正言顺地逃离家庭一段时间。即使到了休息日不得不留在家里，他们也不想与家人沟通，而是会一直看书、读报，或者盯着手机。近些年来，很多夫妻因为性生活不和谐或者缺乏性生活而婚姻破裂，有心理学家对这些夫妻进行了研究，发现他们之中有很多回避型人格者。这意味着回避型人格者在婚姻生活中还会回避夫妻生活，由此可见，回避型人格的确会影响正常的生活、学习和工作。

大多数回避型人格者都坚信自己不够可爱，这使他们哪怕面对最亲近的人，也无法彻底敞开心扉，与家人坦诚相待。

他们极度缺乏自信，必须反复确定对方是喜欢他们的，认可他们的，他们才会真正放松下来，与对方进行心与心的交流。即便如此，他们也受到超低自尊感的影响，随时随地都在搜集证据，证明自己是不被接纳的。长期如此，他们渐渐地感到抑郁，还会在无意识的状态下逃避亲密关系。

难道他们天生不喜欢亲密关系吗？当然不是。实际上，从内心深处来讲，他们特别渴望亲密关系，但是他们缺乏自信，所以对亲密关系的追求是以隐藏真实自己为前提的。他们认为自己不可爱，招人嫌弃，所以必须伪装出可爱的样子，才能得到他人短暂的关爱与接纳。正是受到这种想法的影响，他们才无法建立正确的恋爱观。在恋爱关系中，回避型人格者总是"提前离场"，是因为他们对未来特别悲观，每时每刻都在担心对方一旦真正了解他们就会彻底离开他们。为了避免被抛弃，他们只能选择提前主动结束一段恋爱关系。正是因为如此，很多回避型人格者在煞费苦心地赢得异性的喜爱之后，又会急急忙忙地结束这段亲密关系。

当了解到回避型人格者对待感情的态度这么矛盾和纠结，也如此缺乏自信和安全感之后，如果我们选择与回避型人格者恋爱，就要抓住各种机会认可他们，竭尽所能地给予他们安全感。显然，当恋爱的双方都是回避型人格者时，这场恋爱一定会进展得非常艰难，也会起起伏伏，动荡不安。这是因为双方都在试探对方，都因为缺乏自信想要逃避。最终，回避型人格者之间的恋爱很有可能无疾而终。

最近，小诺通过相亲认识了阿峰。第一次见面，阿峰就表现得很紧张，也很少说话，倒是小诺很主动地询问了阿峰一些问题，对阿峰有了初步了解。小诺认为阿峰的学历很高，家庭背景很好，工作也是人人羡慕的，最重要的是阿峰儒雅内敛，是小诺喜欢的类型。为此，小诺当即要了阿峰的电话，还问阿峰什么时候可以再见面。

看到小诺这么主动，阿峰明显有些惊讶，他原本以为这次相亲又会和以前一样没有后续。他有些迟疑，不知道自己是否应该继续与小诺保持联系，这不是因为他不喜欢小诺，而是他担心小诺进一步了解他之后又会不喜欢他。他忍不住问小诺："你确定还要见面？"小诺笑着反问："难道你不想再见到我吗？"对自己，小诺还是有自信的。果不其然，阿峰急忙摇摇头，又点点头，继而又想摇头，小诺不禁被逗笑了，说："你真可爱！"阿峰惊喜地看着小诺，问道："你真的这么想吗？很多人都觉得我无趣。"小诺说："你当然不无趣，你的灵魂一定很有趣。"在小诺的谈笑风生中，阿峰才渐渐放松，把电话号码和微信号都给了小诺。在后来的相处中，小诺一直占据主动，她主动约阿峰见面，主动安排见面后的活动事宜。经过一年多的相处，就连求婚都是小诺提出来的，她非但不嫌弃阿峰太被动，反而觉得这样被她追的阿峰很可爱呢。

在这个事例中，感情内敛、想要回避的阿峰，遇到了感情热烈奔放、积极主动的小诺，可算是天作之合。阿峰属于典型的回避型人格者，所以对亲密关系总是忍不住想逃，但是小诺穷追不舍，最终成功地把阿峰追到手，成就了一段好姻缘。此外，小诺信奉"爱要大声说出来"，因而主动对阿峰表白，这也给了阿峰足够的安全感，使他敞开心扉接纳小诺。相信在小诺的热情感染下，阿峰也会渐渐地改变。

面对亲密关系，回避型人格者之所以矛盾，是因为他们一方面热切需要亲密关系，另一方面又害怕被亲近的人抛弃，因而心生恐惧。只要感到安全，获得情感上的满足，他们心底里是很愿意建立和维持亲密关系的。

勇敢放手，寻求改变

人人都憧憬美好，回避型人格者也是如此。他们渴望获得一份很好的工作，渴望与所爱的人建立完美的亲密关系，渴望在生活中拥有更多美好的事物，但是他们却因为害怕和恐惧而回避，不愿意采取行动。对于学习和工作，他们总是能找出无数借口逃避。哪怕是对于当即就能着手去做的很多事情，他们也会提出很多条件，例如：当准备写一篇新闻稿的时候，他们希望自己拥有一台新的苹果电脑；当准备走出家门去做义工的时候，他们希望自己能够通过即将到来的职称考试；当意识到自己需要坚持运动以提升活力的时候，他们希望自己拥有一台超高性能的跑步机；当终于下定决心要结束单身生活的时候，他们希望自己能够全款购买一套大四居的学区房，一步到位解决居住和未来孩子上学的问题……然而，天上是不会掉馅饼的，命运也从来不会偏爱任何人。在提出这些前提条件的同时，他们也就在心中默默地选择了拖延，甚至是放弃。

对于那些有可能在心理上引起不适的任务，回避型人格者会理所当然地回避。他们认为，既然有可能因为做了某件事情而感觉更糟糕，不如彻底放弃这件事情，或者等到更晚的时候再做这件事情。然而，哪怕过了一段时间，他们依然会找各种借口，不想完成任务。

在回避型人格者的心目中，失败是一件特别可怕的事情，也会导致极其严重的后果。为此，他们出于保护自己的目的而选择回避，也因为害怕失败彻底放弃尝试的念头。这意味着他们连尝试都不敢尝试，所以他们既不可能获得成功，也不可能遭遇失败。对人生而言，这样的无所作为真的好吗？现实告诉我们，当一个人坚持不尝试的人生原则，他的人生就会原地踏步，毫无进展。回避型人格者宁可因为弃权而失去成功的机会，也不要在努力之后受到失败的打击。这样的想法大错特错。要知道，这个世界上并没有真正的完美，也没有绝对的成功，所有的完美都是相对的，都有一定的瑕疵。只有坦然接纳失败，接受不完美，一个人才能勇敢地走过人生道路，坚持成长和进步。

学校里组织开展英才计划，即让符合条件的学生提前跟随大学老师一起开展课题研究。对于这项计划，只有极少数同学积极地报名参加，小凯虽然一直对量子物理感兴趣，却很迟疑。眼看截止日期就要到了，小凯一直没有任何行动，老师忍不住找到小凯，询问道："小凯，你不是喜欢量子物理吗，这次有一位老师就是研究物理的，也很精通量子物理。这么好的机会，你怎么不抓住呢？"小凯犹豫地说："老师，我只是对量子物理感兴趣，其实我知道的知识连皮毛都算不上。我想，我连笔试都无法通过，更别说是面试了。"

老师恍然大悟，当即鼓励小凯："小凯，凡事不试一试，怎么知道结果呢？你呀，在班级里已经算是量子物理的小专家了，要对自己有信心。你的竞争对手就是你自己，你要相信自己能够通过考核。"在老师的再三鼓励下，小凯这才打定主意填写了报名表。

小凯对自己的要求还是很高的，相反，他对自己的评价却很低，这表现出他缺乏自信的心理状态。幸好老师很了解小凯，也知道小凯一直的梦想，因而及时地鼓励小凯，帮助小凯勇敢地迈出了至关重要的一步。老师说得很对，不管做什么事情都要积极地尝试，否则谁也不知道结果将会如何。

正如人们常说的，一百次空想，也不如一次实干。对于任何事情，一切设想不管多么美好都是空中楼阁，唯有把这些设想落到实处，才能在做的过程中有所收获，有所突破。现代社会中，各行各业都处于日新月异的变化中，也正在以极快的速度发展，所以我们一定要勇敢地去做，也要在不完美中坚持改进，这才是人生该有的状态。

不再执着于自我

朋友，对每个人而言都是至关重要的，因为有朋友的陪伴，人生的道路才会走得更快乐，也更从容。回避型人格者内心深处也极其渴望友谊，想要与他人建立亲密无间的关系。与此同时，他们又常常感到自卑，认为自己不够优秀，担心自己会被他人抛弃，这使他们面对朋友和友谊时常常犹豫不决，不知道是该主动发展友好的关系，还是为了避免被伤害而对他人敬而远之。

他们之所以如此矛盾和纠结，是因为害怕和恐惧。他们担心一旦向别人展示真实的自己，或者直白地表达自己的意图，就会被对方远离，或者被对方拒绝。对于那些负面情绪，他们总是难以忍受，因而陷入自我贬低和自我否定的情绪漩涡中。他们怀有负面思维，不能承受哪怕是善意的批评；他们总是过分敏感，过度解读他人的中性或者正面评价，误以为他人是在批评或者指责他们。

回避型人格者和孩子很像，缺乏自我评价的能力，而总是把外界的评价作为自我评价。这使他们过于依赖外界评价，也总是在感知外界评价的过程中受到影响。对他们而言，社交有着巨大的风险，他们可不想被评价为缺乏魅力、笨拙愚蠢等。他们缺乏自信到什么程度呢？他们即使得到了他人的喜欢，也认为别人是因为不了解自己，所以才会喜欢他们。他们一直有着深深的恐惧，即害怕他人了解自己，害怕他人因此疏远自己。

　　从表现上看，回避型人格者与社交恐惧症者似乎有些类似，其实，他们是有本质区别的。前者发自内心地渴望结交朋友，收获友谊，只是因为害怕被拒绝所以才不由自主地想要回避。后者呢，则压根不愿意与人交往，也不渴望获得友谊。这意味着在合适的场合里，在交往对象的耐心对待和疏导下，回避型人格者很有可能会敞开心扉，与人坦诚相待，也会积极地融入他所熟悉和信任的小团体。相比之下，不管在怎样的场合里，也不管面对怎样的交往对象，社交恐惧症者都很担心自己会被他人关注，更恐惧受到他人的评判和审视。为此，他们承受着巨大的压力，不得不把自己完全封闭。

　　从心理的角度来看，回避型人格者一直处于矛盾状态。一方面，他们渴望被接纳，渴望得到他人的爱；另一方面，他们的自我评价极低，总是担心自己不能实现预期。为此，他们刻意地回避人际交往，不愿意结交很多朋友，也不想与他人之间建立和维持亲密无间的关系。他们害怕被否定和拒绝，因为这会使他们更加胆小怯懦，更加畏缩不前。这将如同恶性循环，令他们无法摆脱，所以他们选择从不开始。

只有在被完全接纳的安全环境中，他们才能循序渐进地改变回避模式。这种环境也许是他们自己营造的，也许是从人生际遇中获得的。在生活中，我们无须过于苛求自己，而要对自己更加宽容，更加耐心。俗话说，"罗马不是一天建成的，胖子不是一口吃成的"，所以不管做什么事情都有一个积累的过程。古人云，"不积跬步无以至千里，不积小流无以成江海"，正是这个道理。在循序渐进，获得小小成绩的过程中，我们还要学会自我肯定，认可自己的付出和努力，也相信自己，接纳自己。如此一来，就能淡化外界评判产生的一些负面影响，从而实现与外界的正常沟通，保持良性循环状态。

对社交回避者而言，最好的调节方法就是不再执着于内心的"自我"，而是更加关注外界和他人。著名心理学家阿德勒认为，个人的意义毫无意义，只有在人际交往中才能体现真正的意义。每个人都要以为他人做贡献为基础,才能实现自我的价值和意义,所以所谓的人生理想也应该以对他人存在意义为前提。

坚持自我超越

回避型人格是如何形成的呢？对此，很多心理学家都进行了研究。研究结果显示，回避型人格的成因多种多样，有的是因为他们具有容易患病的基因，有的是习得性恐惧以及思维方式使他们容易感到不安等。正是在这些因素的单一或者综合作用下，人们才会渐渐地形成回避型人格。

心理学家戴维·H.巴洛经过研究发现，和普通人相比，回避型人格者更容易回忆起童年时期的家庭氛围，因为当时的家庭氛围使他们感到挫败，此外，他们还觉得父母不爱自己，更不以自己为骄傲。这些都会使他们产生挫败感，由此产生回避倾向。在对这些人的家庭进行研究时发现，大多数回避型人格者的监护人都有强迫型人格倾向，或者本身就是强迫型人格者。这就解释了回避型人格者的羞耻感从何而来。在童年时期，他们不得不与有强迫型人格倾向的监护人生活在一起，进行交流和互动，因而常常被监护人拒绝或者批评。简而言之，正是因为在童年时期受到了父母的伤害，孩子才会形成回避型人格。

很多父母总是嘲笑、挖苦和讽刺孩子，而不善于以正面管教的方式对待孩子。孩子的心灵是稚嫩的，他们也不具备强大的力量与父母抗衡，常常把屈辱的经历内化，这导致他们产生了消极的自我认知，对自己的评价很低，缺乏自信，认为自己不值得被父母关爱，不值得父母骄傲，也确信自己永远不会得到父母的爱与认可。还有些父母始终向孩子灌输"只要努力，就会进步"的观点，孩子为此拼尽全力去做很多事情，最终却沮丧地发现即使努力了也未必会得到回报，这使他们心灰意冷，把所有的失败都归结为自己还不够努力，而忽略了很多客观因素。长此以往，孩子一旦遭遇失败就会责怪自己，渐渐地就会因为畏惧失败而不敢尝试和努力，索性直接放弃所有的机会。

父母如果坚信奋斗就能改变命运，就会对孩子提出更高的标准和更严格的要求。他们采取错误的方式教育孩子，严重地挫伤了孩子的主观能动性。此外，如果父母太过强势，总是强求孩子按照他们的要求去做，或者强迫孩子做不愿意做的事情，孩子也会出现回避型人格倾向。作为父母，一定不要好高骛远，而是要考虑到孩子的承受能力，注重培养孩子的自信心。否则，一旦孩子意识到自己的一切抗争都是徒劳无用的，他们就会变得沉默，把所有的真实想法都藏在内心深处。父母要把制订目标和计划的权利交还给孩子，这样孩子在实现目标之后才会获得成就感，形成信心。

高三学生刘威马上就要参加高考了，对如何填报志愿，他始终拿不定主意。按照他的成绩，努力冲刺考上985高校是很有希望的，但他连想都不敢想。他说："我可考不到那么高的分数，还是老实本分地报更有把握的学校吧。"然而，老师、父母都支持刘威第一志愿填报985院校。在大家的鼓励下，刘威终于下定决心填报985院校，却焦虑得失眠了，学习状态很糟糕。看到刘威这么不自信，妈妈紧急联系心理医生对他进行心理干预，生怕他因为填报志愿导致高考失利。

刘威是典型的回避型人格者。面对填报志愿这样的重大事件，他出现回避倾向也就不足为奇了。其实，人们都喜欢待在舒适区里，毕竟贪图安逸是人的本性。然而，人要想进步，就要坚持突破和超越自我，否则就会受困于当下，无法成长和进步。

心理学家阿尔弗雷德·阿德勒之所以写作《自卑与超

越》，就是因为他从小就很自卑，觉得自己不如哥哥优秀。他开创了个体心理学，在心理学领域成就斐然。后来，他终于战胜自卑，成就了自我，也在心理学领域成为举足轻重的人物。人人都会有不同程度的自卑感，我们要做的是战胜自卑，超越自我，而不是被自卑困住，回避现实。

第九章

依赖型人格

人人都有依赖性，大多数情况下，依赖是健康的，如年幼的孩子依赖父母。适度依赖能够让人们获得自信，获得安全感，也懂得在需要的时候求助他人，并且信任他们。但是，过度依赖却会发展成为障碍，使人逃避责任、不想努力、好逸恶劳。依赖型人格是一种病态人格，表现为过度依靠他人，不能独立生存。

依赖型人格的特点

人是群居动物,没有人能够离群索居,而必须与他人发生互动,彼此帮扶。因而,人必然会有不同程度的依赖性。新生命呱呱坠地,必须依赖父母才能生存;父母老去,要依赖孩子才能安享晚年。这些依赖都是健康的,表现出人与人之间互相需要、亲密无间的关系。但是,依赖一旦过度,就会发展成为一种障碍,使人逃避责任,企图不劳而获。有些人还会因为恐惧而产生依赖,他们极度缺乏安全感,必须得到他人的保护和支持,才能生存。然而,在这个世界上,除了父母会无条件地照顾年幼的孩子,没有其他人愿意始终被依赖,始终被索取。从这个意义上说,过度依赖对成年人而言是极其糟糕的。例如,作为成年人,却无法在工作中独立做出决策和完成任务,也无法在生活中做到自理,这会使他们的生存和发展十分艰难。

依赖型人格者的显著特点,就是缺乏自信心,缺乏独立性。他们不能在工作中独当一面，必须在他人的指导下才能做出最简单的决策；他们不能在生活中照顾好自己，总是需要依靠他人的照顾和帮助才能生存。具体来说，他们有两个核心特征：第一，无法独自做成任何事情；第二，为了不承担责任，宁愿出让自主决策权。在一些情况下，过度依赖者甚至愿意把生命的意志托付给他人，他们就像寄居蟹，把全部的身家性命都交给他人决策。

依赖型人格者的特点很明显。他们害怕被遗弃，总是喜欢随大溜，哪怕明知道对方的观点是错误的，也会刻意迎合对方；他们缺乏独立性，害怕独自做出决策，也不想拥有独立自主的机会，甚至拒绝承担任何责任，所以他们总会想方设法地避免独自行动；他们很看重别人的意见，如果受到别人的批评，或者没有如愿以偿地得到他人的表扬，就会觉得深受伤害。

他们缺乏自信，自我评价过低，总是感到无助和绝望；他们很害怕竞争，不喜欢在竞争激烈的环境中工作，也不喜欢与他人一较高下。他们最擅长的是逢迎与讨好他人，因为这样就能避免发生人际冲突，也能避免承受社会压力。他们很喜欢黏着他们依赖的人，一旦与对方分离，就会焦虑不安，紧张惶恐。和很多人都追求自由不同的是，他们很喜欢被安排好一切，包括生活和工作。对于感情，他们是毫无主见的，也是没有追求的。他们觉得内心空虚，所以想要与他人发展感情关系，于是不加选择地接受他人，只为了尽快体会到感情上的充实。在亲密关系中，他们不想成为主导者，而想成为附庸者，心甘情愿地顺从他人的意志，服从他人的安排，而且很享受这样的生活。他们非常敏感，因为一些小事情就会胡思乱想，还不能很好地控制自己的情绪。

在婚姻生活中，江月是不折不扣的配角。她的老公山泽特别强势霸道，不管什么事情都要拿主意，所以家里的大小事情根本轮不到江月做主。再加上江月原本就是一个特别柔弱和没有主见的人，渐渐地，她彻底把整个家都交给山泽掌管，而她则只负责做家务、带孩子。

有一天下午，江月突然接到幼儿园老师的电话，告知她孩子不小心磕到了脑袋，需要马上去医院。这个时候，山泽正在开会，手机调成了飞行模式，所以江月一时之间联系不上山泽。她只得匆匆忙忙赶去幼儿园，接了孩子去医院。孩子的伤口说大不大，说小不小，介于缝合与不缝合的标准之间。医生让江月决定是否缝合，江月完全没有主意，打山泽的电话又打不通，着急得呜呜直哭。医生再三催促，她也不能做出决定，只好就这样等山泽的回复。一个多小时后，山泽终于开完会了，他马上给江月回电话询问情况，得知孩子就这样等着，山泽气得责怪江月没用。江月伤心极了，她也责怪自己为何不能早做决断。

在这个事例中，江月就是典型的依赖型人格者。她不仅凡事都依赖丈夫山泽，就连遇到紧急情况都不能做出决定，使孩子在受伤的情况下等了一个多小时才得到处置。不得不说，江月的依赖性很强，已经到了无法独立做出决策的程度。其实，她只要询问医生缝合与不缝合的利与弊，就能做出决策。

现实生活中，很多人都和江月一样过度依赖。对家庭主妇江月而言，过度依赖不会给她带来太大的困扰；如果换作职业女性，经常需要独当一面处理很多问题，那么过度依赖就会使她们处处受到限制，无法快速成长和发展。当然，人并非生而做到独立，最重要的是在后天成长的过程中要有意识地培养和锻炼自己的独立能力，学会独自处理和应对很多情况。随着时间的流逝，积累的经验越来越多，自身的能力也会渐渐提高。

为何要逃避自由

与大多数人都渴望与追求自由不同，依赖型人格者反而倾向于逃避自由。这是因为他们很害怕，不敢掌管属于自己的人生，也不敢面对属于自己的未来。为此，他们下意识地想要逃避自由，成为寄生者。

心理学家弗洛姆认为，人作为进化程度很高的动物，生来就有的自动调节能力相对较弱。与动物相比，人类的新生儿是高度依赖父母的，正是因为如此，在成长阶段，才更容易形成依赖型人格。

在婴幼儿时期，父母要与孩子之间建立心理联结，这样孩子才能获得安全感，也才能在心理上与父母分离，拥有内部力量。完成了这项艰巨的成长任务，孩子将来才能独立地探索世界，而不需要依赖他人的帮助和指导。由此，孩子会渐渐地发展形成自我意识，为自己的行为负责，也能够以正确的姿态面对权威。反之，在童年时期，如果孩子没有顺利地与父母完成心理分离，就会过于依赖他人。例如，在恋爱关系中，他们会表现得特别依赖恋人，这实际上是延续了他们与父母的关系。

在恋爱中，依赖型人格者的表现是很典型的。例如，他们给恋人打电话，对方处于无法接通的状态，他们不会等一阵子再拨打，而是会当即接二连三地拨打电话。再如，他们给恋人发微信，如果恋人没有在第一时间就回复，他们就会特别焦虑，当即继续对恋人狂轰滥炸，直到恋人回复微信说明情况为止。直白地说，他们特别黏着对方，片刻也不想离开对方，片刻也不想与对方失去联系，恨不得一天二十四小时每分每秒都与对方形影不离。这种过度依赖往往会影响对方的正常生活和工作，使对方不堪忍受，最终选择分手。

小雨是个特别缺乏自信的女孩，尤其是在恋爱关系中，她特别没有安全感，总是害怕会被抛弃。为此，她每分每秒都黏着男友张强。每天早晨才刚刚分别，还没走到公交车站呢，她就会询问张强有没有坐上公交车；才上了一会儿班，晨会还没开完呢，她就会询问张强在做什么；十点钟，她准时询问张强中午吃什么饭，还自告奋勇为张强点外卖；十一点多，她又问张强吃饭没有……总之，她一天之中至少要联系张强十几次，仿佛两个人正面对面一样。起初，张强把这种行为理解为爱的表达，随着相处的时间越来越长，也因为工作很忙碌，张强渐渐地感到厌烦，有的时候一忙起来就没有时间回复小雨的微信了。小雨为此很生气，还询问了张强工位上的座机号，如果张强回复得不够及时，她就会拨打座机。

前段时间，张强得到一个出差的机会，却因为小雨极力阻拦而不得不放弃。眼看着自己在工作上毫无进展，而与自己同期进入公司的同事却有了成绩，张强很难过。后来，他只好下定决心与小雨分手，并决定未来三年再也不谈恋爱，而要专心工作。

被依赖者往往会因为被过度依赖感到厌烦，而不会觉得自己是被需要的。这样的爱不给人任何喘息的机会，也没有任何产生美的距离，所以令人感到窒息，产生逃跑的想法。为此，被依赖者会想方设法地摆脱依赖者，一段关系也会由此宣告终结。

在恋爱关系中，很多女性依赖型人格者缺乏自信，习惯性地依赖伴侣，所以面对伴侣的很多缺点和不足，甚至是对婚姻的背叛，都会委屈自己，选择容忍和接受。从这个意义上说，依赖型人格者仿佛成为寄生者，过着寄人篱下的生活。他们总是死死地纠缠"寄主"，生怕自己被抛弃。长此以往，他们不再是可爱的顺从者,而变成了被依赖者沉重的负担。由此一来,依赖者与被依赖者之间受人欢迎的"依赖与保护"的游戏,就成为令人生厌的"纠缠与挣脱"的战斗。

依赖性与"囤积"的关系

不恰当的教养方式是孩子依赖型人格形成的重要原因。很多父母对孩子极其苛求,即使孩子取得了好成绩,他们也会认为孩子还能继续进步;当孩子的学习表现不够突出,他们就会严格管控孩子的学习与生活,让孩子完全失去自己规划学习的权利。从本质上而言,这剥夺了孩子独立自主的机会,使孩子形成对权威的依赖心理,由此滋生依赖型人格。在这样的环境中长大,孩子没有养成独立决策的能力,哪怕在长大成人之后,一旦需要做出决策,他们也会求助于父母、朋友和配偶。需要注意的是,他们并非只有在需要做出重大决策时才会求助于他人,哪怕很多小事情他们也会求助于他人处理,如去哪个地方旅游、穿什么衣服约会等。

老马年届不惑,在单位负责财务工作。他其实并不喜欢财务工作,因为很琐碎,要求又特别细致。他之所以选择这份工作，是因为他的父亲提出了建议。自从工作之后，老马总是没有时间参加各种各样的活动，他为此很焦虑。他自认为很合群，也好相处，但实际上他过于焦虑，一旦离开他人的陪伴就忐忑不安。

从小，老马就表现出强烈的依赖性。例如，每当小伙伴在一起玩游戏时，他总是担心自己无法加入其中的某一方，被大家抛弃；上体育课时，每当需要组建不同的队伍，他总是担心自己不被接纳，因而惴惴不安。为此，他宁愿成为不受人关注的配角，在最差的位置上，也不愿意忍受孤独。常常不等找到合适的位置，他就主动选择不好的位置。这一点也影响了他的工作。作为四十多岁的老员工，当初一起入职的很多人都已经得到了晋升，或者开创了属于自己的事业，老马却十几年如一日安守本分，墨守成规，生怕变动会带来负面影响，也担心自己人到中年不好找合适的工作。为此，他不但做好自己的分内之事和本职工作，还总是热心地帮助其他同事，想要与他们建立友好的关系。他常说，人熟是一宝。就这样，老马还将在这个岗位上默默付出，直到被淘汰的那一刻。

在这个事例中，老马是典型的依赖型人格者。他迫切地想要找到依赖的对象，而不管依赖的对象是谁。为此，他从小就讨好一起做游戏的小伙伴，在确定职业的时候又采纳父亲的建议，在工作的过程中还充当老好人帮助所有人。他只要能够获得某种角色或者身份，就会感到心安，也会觉得舒适，甚至为了与他人建立关系，宁愿牺牲自己的某些利益。他如此强烈地渴望建立关系，是因为他缺乏安全感，所以才会有鲜明的依赖型人格表现。

依赖型人格者不但喜欢"囤积"关系，也热衷于囤积各种各样的物品。为此，他们的家里摆满了各种没有用的东西，其中不乏那些很早之前就已经派不上用场的东西，以及一些新买的却被搁置的东西。他们深信这些东西终究会派上用场，说不定哪一天就能发挥余热，创造价值。

在生活中，依赖型人格者放弃了自己对他人的大部分权利，并放弃了自己的需求，而以被依赖者的需求为主。从某种意义上说，他们为了维持依赖关系而失去了自我，甘愿被他人支配，愿意听从他人的安排，从他人那里获得生活物资，不管做什么事情都需要得到他人的指导和帮助。他们胆小怯懦，被动贪婪，很容易相信他人，也愿意屈从于他们；他们坚持依赖外界生存，而不愿意独立自主地掌控人生。他们最看重的就是被依赖者,因为被依赖者是供给他们一切的源泉。只有和被依赖者在一起,他们才能获得安全感,也才会获得幸福和满足。

依赖型人格的升华

当认识和了解依赖型人格后,很多依赖型人格者都意识到自身是需要改变的,这样才能让依赖型人格得到升华。要想改变依赖型人格,既可以从小事情着手改变,也可以循序渐进地改变行为模式,还可以采取刻意练习的方式改善。例如,列举出自认为依赖他人的事情和举动,再按照难易程度从简单到困难进行排列,继而从最简单的开始改变,随着整个进程的推进,改变就会水到渠成。再如,可以制订切实可行的计划,以周为单位,每周都做一个冒险的举动,如独自去健身房跑步、独自去吃火锅、独自去看电影、独自做出决策等。切勿贪心,因为一口吃不成个胖子。随着依赖性行为越来越少,我们的独立性就会得到提升,自理能力也会越来越强。

心理学家弗洛姆提出,一切成长都要以自由为前提,但是,必须勇敢地承担责任,才能获取自由。弗洛姆认为,对现代人而言,从众行为其实是逃避自由的表现。基于这个观点,我们可以说社会上普遍存在"依赖"现象。

依赖型人格者还可以结合自身的性格特点，最大限度地发挥潜能。在很多情况下，领导和依赖如同孪生兄弟一样形影不离，保持着共生关系。例如，很多大英雄的身边都有一个小跟班，这个小跟班与大英雄之间就是依赖者与被依赖者之间的关系。在大英雄的带领下，小跟班虽然缺乏决断力，却能够成为忠心耿耿的追随者，也成为大英雄不可缺少的左膀右臂。

大学毕业后，蓉蓉应聘进入一家公司，成为设计人员。虽然她是设计专业毕业的高才生，但在设计方面缺乏灵感，设计的方案不是太过传统，没有新意，就是脑洞大开，不切实际。几个月之后，主管找到蓉蓉谈话，想要劝退蓉蓉。然而，蓉蓉不想离开，毕竟找工作很难，人才竞争很激烈。主管灵机一动，建议蓉蓉："既然你想继续留在公司，又不适合从事设计工作，我建议你去销售部试一试。"其实，主管的本意是做个顺水人情，因为销售部始终处于缺人的状态，对有意向从事销售工作的人来者不拒。蓉蓉当即接受了主管的建议，当天下午就去销售部报到了。

让人万万没想到的是，蓉蓉进入销售部后，很快就做出了成绩。原来，蓉蓉属于依赖型人格，天然地亲近客户，很快就能赢得客户的信任。尤其是当客户提出个性化需求时，蓉蓉也总是想方设法地服务客户，可以说，蓉蓉具有极强的服务意识。在进入销售部的第一个月，蓉蓉就登上了领奖台，不但拿到了最佳新人奖，还得到了一笔奖金呢。她感慨地说："果然是天生我材必有用啊！"

每个人都要找到最适合自己的工作和岗位，才能最大限度发挥自身的光和热，创造自身的价值。依赖型人格者很友善，这是因为他们渴望获得归属感和亲近感，所以很容易接近和亲近。依赖型人格者都拥有"特殊技能"，即打破人与人的坚硬壁垒，实现依赖的终极目的。现代社会正在快速发展，人口流动的速度也越来越快，这使与人交往成为一种重要的能力和生存技能。作为依赖型人格者，完全可以通过"囤积"人际关系，建立人际关系网，积累丰富的人脉资源。

在人际交往中，如果依赖型人格者能够提升自身消融人际坚冰的能力，就会在现代化的社会生活中如鱼得水，结交更多的朋友，构建广阔的人际关系网络，在有需要的时候得到助力。在职业选择方面，依赖型人格者很适合从事与人打交道的工作，如策划和组织大型活动、发起一些有益的活动、在行业协会中担任理事长、在组织机构中处理人力资源管理工作等。

人们常说,是金子总会发光的,更确切地说,只要把金子放在合适的地方,金子就能放出万丈光芒。退一步而言,哪怕把一块石头放在合适的位置上,石头也能创造价值。

参考文献

[1] 黄国胜. 隐藏的人格[M]. 北京：群言出版社，2020.

[2] 和田秀树. 完美人设[M]. 井思瑶，译. 成都：天地出版社，2019.

[3] 韩雅男. 人格：了解自我洞悉他人的心理学[M]. 北京：中国纺织出版社有限公司，2022.

[4] 马斯洛. 动机与人格[M]. 刘晓丹，译. 北京：团结出版社，2021.